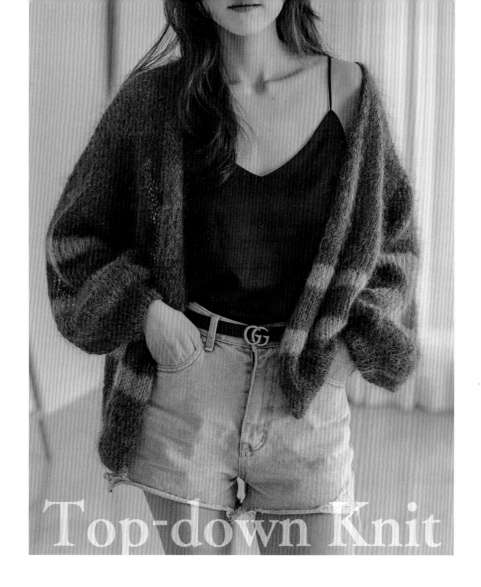

Top-down Knit

从领口开始的
毛衣编织

（韩）金宝谦 著

媛 媛 译

U0225488

北方联合出版传媒（集团）股份有限公司

辽宁科学技术出版社

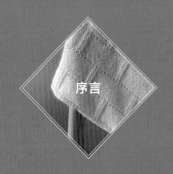

序言

欢迎来到
简单时尚的编织世界

我，作为宋英礼女士的女儿，有幸继承了母亲手工编织的事业。我的母亲，一位备受尊敬的畅销书作家和"针线故事"的主理人，她的才华与热情，引领了无数人对针织艺术的热爱。

我清楚地记得，当我初次涉足编织领域时，我对于衣柜中那些传统的毛衣款式产生了疑问。我渴望寻找一种更简单、更日常的编织方法，一种能将毛衣的温暖与时尚完美结合的方式。于是，我开始潜心学习，深入研究与传统编织技法截然不同的方式——从领口开始编织。

经过不懈的努力，我终于实现了自己的愿望，设计出了一系列既适合日常穿着又具有独特魅力的毛衣款式。这些作品不仅满足了我个人的审美需求，也得到了广大消费者的热烈欢迎和喜爱。

正是基于这样的初衷和母亲的悉心指导，我决定将这些深受喜爱的作品集结成册，与大家分享。在这本书中，您将看到母亲传授给我的独特编织技巧和心得，同时也将领略到那些令人心动的毛衣设计。

感谢您对我们工作的支持与厚爱，愿您在阅读和编织的过程中，感受到无尽的温暖与快乐。

为了编织出经典不过时、真心喜欢的衣服，本书收录了多款不同的设计。看似简单的款式，只要稍微搭配，反而能够轻松穿出简约的时髦感。让亲手完成的编织成品，自然融入我们的日常生活中。

感谢所有在"针线故事"中给予我宝贵建议和无私帮助的员工们，你们的付出是我成长的重要推动力。此外，我要向一直支持我、为我加油鼓劲的粉丝们表达衷心的谢意，是你们的鼓励让我在困难面前不屈不挠。在此，我还要特别感谢我的母亲，她是我人生道路上的引路人，始终为我铺平前方的道路，耐心陪伴我成长。最后，我要向每一位读者表达我的感激之情，感谢你们一路以来的支持与鼓励。愿我们未来继续携手前行，共同成长。

金宝谦

目录

第一章

认识从领口开始编织的毛衣

第二章

环形针编织基本技巧

第三章

了解织片密度

第四章

Top-down 手织服与图解

附录 ◆

1

利用第二章充分熟悉环形针
编织的基本技巧。

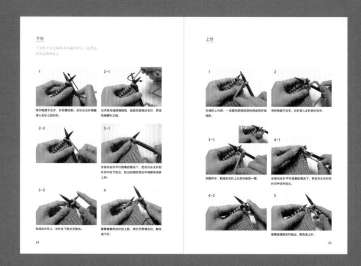

2

从第四章挑选想要编织的衣
服款式。

3

书中的作品依照难易度排序，请根据自己的程度来挑选图解。

4

若在阅读图解时遇到不懂的技巧，请参考前面章节的基本技巧，逐步完成喜欢的作品。

为什么我推荐
看书学编织

在我的YouTube视频下方有各式各样的留言。

"讲解得非常详细又不会太快，好喜欢！"

"谢谢您超详细地讲解，连我这种初学者都跟得上！"

"希望能减掉不必要的重复步骤。"

"太慢了，好郁闷啊！"

在观看视频过程中，尽管粉丝们看着相同的视频，然而，他们所给出的反馈却存在显著差异。这使我深陷于如何满足所有人的期望这一难题之中。我意识到，如果视频内容过于详尽，部分观众可能会觉得过于冗长和沉闷；而当内容过于精简时，又有人会认为其信息量不足，难以理解。显然，这是一个难以解决的问题。

在2020年，尽管当时很多人认为通过视频授课是清晰传授"从领口开始的编织法（Top-down Knit）"的理想方式，但我并不认同这一观点。实际上，将所有步骤以动态形式呈现在视频中，很难满足所有人的学习速度。通过视频学习时，观众很难一眼掌握所有过程，选择特定片型也较为困难，且已播放的内容无法轻易回溯或重复播放。

看着图解进行操作时，有些人可能会因图解中的大量文字说明而感到困惑。然而，这种方式的独特之处在于其高度的灵活性和自我调控性，使读者能够按照自己的节奏进行学习与编织，并根据实际情况做出必要的调整。当遇到困难时，可以通过阅读相应的文字说明来加深理解，直至完全掌握。请放心，图解已经详细展示了每一步操作细节，以确保编织过程的顺利进行。

仅仅20年前，当时普遍认为"编织"就等于"织毛衣"，是很基础的手工活。而现在人们认为只有擅长编织的人才敢挑战织毛衣。以前虽然没有教学视频，但光靠看由许多编织达人制作出来的图解也能做出衣服。若仔细观察以前设计师制作的图解，会发现以前的设计烦琐复杂，有许多精致纹样比现在的编织花样复杂很多。过去并没有教学视频可以看，衣服上甚至有各种麻花或华丽纹样，织女们也能照着作品一模一样地做出来。

然而现在的图解比以前简单易懂，但有很多人会因为没有教学视频而畏惧挑战。现在，人们可以在不同渠道轻松学习编织，但为什么跟过去相比，编织的平均实力却没有进步呢？我认为主要的原因就是"害怕"。大部分人都会认为："我要是没有视频教学就没办法开始。"

我想对所有阅读这本书的人说，请不要害怕开始，也不要害怕失败。编织的魅力就在于所有失败的经验都会促使成长，能从失败中学习。"开始"对任何人而言都不容易。不过，只要先消除恐惧，踏出第一步，想必就会觉得"比想象中简单啊！""还好嘛！之前到底在担心什么呢？"我自己也是这么走过来的。现在，就开始和我一起跟着图解来编织喜欢的毛衣吧。

必备工具

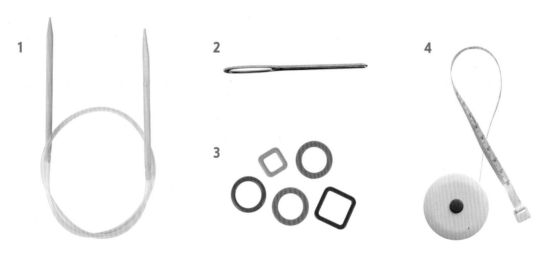

1   2

3   4

1.环形针

在编织过程中，务必准备环形针，因为棒针无法适应一体成型的Top-down编织方式。通常使用80cm的环形针，但在编织较窄的区域，如领口和袖口时，建议使用40cm的环形针。请注意，具体针的粗细选择并非固定，需根据实际编织作品和使用的毛线进行调整。因此，请根据具体情况选择适合的环形针粗细。

2.缝衣针

衣物缝制过程中不可或缺的工具。在衣物织好后，我们使用缝衣针来整理剩余的线，并确保腋窝处的洞口得到妥善处理和固定。

3.记号圈

用来区分针目的必备工具，因为在Top-down编织法中，需要一次性从上至下织出身体各部位和袖子，因此要用记号圈在各个部位做出清晰的区分。除了市售的记号圈之外，还可以使用不同颜色的线绑成圆形作为记号圈，或者使用耳环等其他环状物品进行区分。

4.卷尺

编织过程中若需要调整长度，就会用卷尺来测量尺寸。另外，在线圈中也常用卷尺来测量尺寸。此外，在线圈中常以厘米代替行数来标示需要编织的长度，所以必须在编织时用卷尺测量。

1.可换头环形针组

可换头环形针能自由组装和拆卸不同尺寸的针、线。在织领口、袖口时使用短连接绳,织身体等大面积处时只要替换成长连接绳即可,不用一直换针,也比购买各种不同长度的固定环形针更经济实惠。

终断编织时,只要拆下连接绳上的针头,套入固定器中,就不用担心脱落。分袖时也能把针目移至连接绳上。较长的可换头环形针,即便装上短连接绳来织窄领口、窄袖口也会容易卡手,所以推荐购买长度偏短的Knitpro Ginger系列套组。

2.连接绳专用连接器

用来连接两条连接绳的工具。当连接绳的长度不足时,可利用连接器接上另一条连接绳来增加长度。在一体成型的Top-dowm编织法编织的过程中,只要用连接器增加长度,就可以轻松试穿。

3.短环形针

长度为4cm的短针。在编织特别窄、使用一般短针不易操作的部位时,只要改用短环形针就会轻松许多。不过,长时间使用短环形针容易造成手部负担,所以不妨先买便宜的短针,或是将长针削短来试用,测试自己的手是否适合短针。

线材的准备

选择何种线材比较好？

依季节来看，冬天常用如羊毛（Wool）、驼毛（Alpaca）、羊绒（Cashmere）等保暖性高的动物纤维。夏天则主要使用棉（Cotton）、亚麻（Linen）等较通风、无杂毛的原料。天然纤维的比重越高，价格也越高，成品的品质也越好。

推荐 天然纤维含量高，适合秋冬的线材

Zara、Zara Plus、Baby Alpaca、Phil Air Perou、Phil Nuage、Phil Soft、Phil Merinos 6、Cuzco、Solo Cashmere、Penguin、Natural Alpaca、High Class、Zarina

推荐 天然纤维含量高、适合春夏的线材

Phil Coton2、Phil Coton3、Phil Rustique、Phil Degrade、Phil EcoCotton、Eden

腈纶、涤纶属于合成纤维，普遍认为其价格便宜、品质差。但其实根据加工技术，等级会有相当大的差距。以Phil Caresse线材为例，成分中有51%为腈纶，49%为涤纶，若有优秀的加工技术，也同样能做出羊绒的触感。

腈纶的优点为方便整理，重量轻；缺点为容易产生静电，起毛球，但价格比天然纤维便宜。若选择价格适中的腈纶混纺来织衣服，也能做出不亚于天然纤维的衣服。但最好避开过于便宜的腈纶，因为加工不良的纱线更容易起毛球，颜色也不好看。

推荐 腈纶、涤纶混纺，适合秋冬的纱线

Fashion Aran、Majestic、Phil Light、Phi Gardening、Phil Caresse、Baby Solid、Partner6

推荐 腈纶、涤纶混纺，适合春夏的纱线

Casaria、Rapunzel、Cotton Top

有其他更适合Top-down编线的线材吗？

在编织的过程中，通常会先分部位织好，最后再将各部位缝合起来。这种传统的方法能够形成褶边，为肩膀或腰部提供一定的支撑力。然而，对于Top-down毛衣而言，由于它是从整个桶状结构自上而下织成的，因此肩膀或腰部通常不会具备这种支持作用，除非采用特殊的技巧。此外，长时间穿着的毛衣容易变得松弛下垂。因此，在编织Top-down毛衣时，应选择较轻的纱线，以确保织物的质量和舒适度。

选择轻纱线的方法就是选比重小的纱线。在网店购买纱线时没办法衡量纱线的体积，但若仔细看加工方法，就可以预估是否为重量轻、体积大的纱线。由能够形成拉绒的纱线、毛海（Mohair）或是尼龙线制成特殊纱线的纤维，比重均较小，同样体积其重量也相对较轻。

能形成拉绒的轻纱线

Cuzco、Phil Gardening、Penguin、Phil Light、Roby Kid Mohair

聚硫铵纤维纱线

Phil Nuage、Phil Soft、Phil Air Perou、Frimas

线材和针，应优先考虑哪个呢？

当然是挑好的线材！织一件毛衣平均都要花10天以上的时间，编织所耗费的时间是无法挽回的，所以最好是使用品质好的线材，才能织出满意的成品。

很多人常常用便宜的线材编织好一件毛衣，却因为材质的问题而不满意。编织付出的心血无法挽回，织出一件满意的毛衣却可以穿一辈子。反过来说，就算是拿几块钱的一根针，也足以织出一件衣服，只是过程会比较辛苦而已。这个差异就好像是同样都去爬山，一个是穿上普通的登山鞋去爬山，另一个则是穿上专业登山鞋去爬山。如果想要更轻松地编织，当然推荐使用好的针，但并没有说便宜的针就织不了毛衣。若是非要二选一，我的建议还是选择较好的毛线。

本书使用的线材

Phil Air Perou   Phil Nuage   Penguin

Phil Soft   Majestic   Cotton Top   Phil Express   Natural Alpaca

Pingo Tweed   Phil light   Fashion Aran   Kid Mohair

Top-Down Knit

第一章

认识从领口开始编织的毛衣

什么是从领口开始编织的毛衣?

从领口开始编织的毛衣是指从领口开始往下编织、一体成型的毛衣。利用针目来分部位,做袖子,要织新的部位时改用挑针的方式来衔接。这种编织方式不需要分别织再缝合,减少了一大半烦琐步骤,是国外近期较为流行的编织方法,制作快速且容易操作,非常适合新手挑战。

由于编织时是以立体的方式进行的,编织起来会此较容易。如果想要织出刚好合身的版型,可以加入更难的技法,在衣服上做出更多样的变化。

从领口开始编织的毛衣时通常可按照"肩膀 → 分衣袖 → 身体 → 袖子"的顺序来操作。肩线的形状会影响衣服的形状,也就是说,肩线会决定整件衣服的设计。编织时,可以采用V领或圆领、配色、纹样等各式各样的方法来设计衣服。

利用从领口开始的编织法,不仅能编织毛衣,也能编织开襟衫。只要好好理解Top-down编织法的基础概念,就能自己设计,也能直接应用既有的设计来加以变化。

3种从领口开始的毛衣款式

Top-down毛衣有各式各样的款式，这里要带大家认识本书中使用，同时也是最具代表性的3种款式。

拉格伦毛衣（Raglan style）

这种风格常见于俗称"插肩袖"的衣服中，肩膀处的纹路会呈斜线状。"拉格伦线"是指从脖领到腋窝有一条明显的分隔斜直线。只要沿着这条拉格伦线来编织，即可做出整件衣服，织法相当简单，对于新手来说也容易上手。这种风格在"Top-down Knit"织图中也是最常用的织法。

圆育克毛衣（Circular Yoke style）

从肩膀部位以圆形开始编织而做出衣服的方法。特征在于肩膀部分会形成圆弧的曲线，而非直线，可凸显出身体曲线。只有某些行需要照着规律来织，对新手来说也算是容易上手的织法。

鞍形肩毛衣（Saddle Shoulder style）

其特征是有着像马鞍（Saddle）形状的肩膀线条。有条凸显肩膀部位的分隔线，常见于男性衣服的设计中。编织时会先用加针技法做出明显的肩线，再接着编织。鞍形的部分，一种是先分开织再并缝，另一种则是做出鞍形后直接织出整件毛衣。

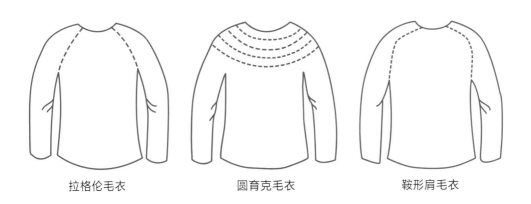

拉格伦毛衣　　　　　　　　圆育克毛衣　　　　　　　　鞍形肩毛衣

编织毛衣的基本流程

◆ 拉格伦毛衣 ◆

1 环状起针（根据织图设计的不同，也可能从平编开始编织，再接成环编）。

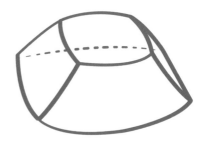

2 袖子和身体共分4个区域，只在拉格伦线的地方加针。

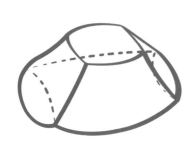

3 分衣袖后暂休针（将袖子的针目移到连接绳或零碎的线上暂时不织）。

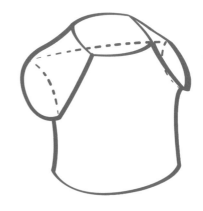

4 编织身体部位。

5 回到袖笼，挑针后织出整条袖子。

6 完成。

◆ 圆育克毛衣 ◆

1 以环状起针作为起头。

2 分配好针目后，加针做出肩膀的形状。

3 分袖后暂休针。

4 编织身体部位。

5 回到袖笼，挑针后织出整条袖子。

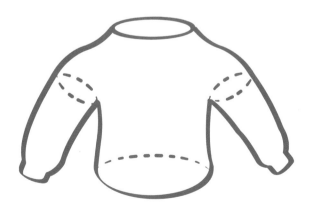

6 完成。

◆ 鞍形肩毛衣 ◆

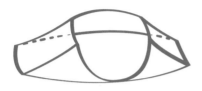

1 分配好衣服前后片和鞍形肩位置后，利用加针做出肩膀的形状。

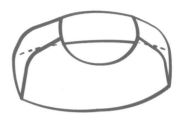

2 肩膀形状都织出来后，只在袖笼加针。

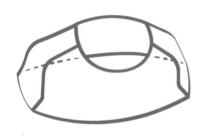

3 在进行分袖之前，袖笼和身体部位用同样的织法继续加针。

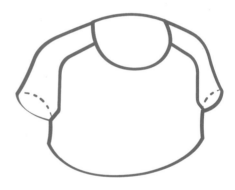

4 分袖后暂休针，编织身体部位。

5 回到袖笼，挑针后织出整条袖子。

6 完成。

第二章

环形针编织基本技巧

起针

起针就是指开始编织的第一针。

在编织毛衣时，首先会按照图解的起针数，完成基本起针。

1

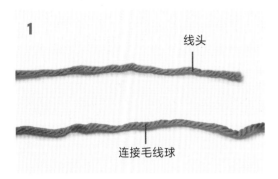

线头

连接毛线球

将毛线置于平面，线头端在上，连着毛线球那端朝下，让毛线呈上短下长（约30cm）。

2

右手抓住两条线。

3

左手拇指和食指撑开两条线。

4

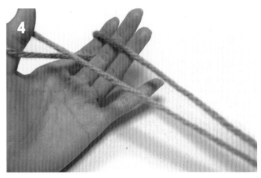

左手往上翻，使手掌朝上。

5

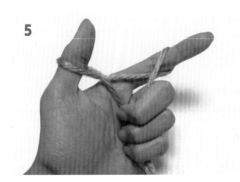

将其余三指压在两条线上。

6

右手拿针，穿入拇指和线之间。

7

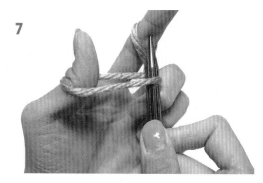

针带线拉到食指位置。

8

把针头从上往下，穿过挂在食指上的线。

9

再把针从内往外绕过拇指前侧的线，把针拉往大拇指前方的位置。

10

针往上抬起。

11

一边向上拉针，一边抽出左手的拇指和食指。

12

拇指和食指撑开下方的两条线，让结往针靠近，收紧针目。

13-1

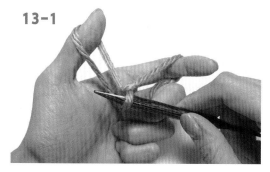

13-2

在左手拇指和食指撑开两条线的情况下，将左手往上翻，把针拉回手掌的位置，重复步骤6~12，直到完成所需针目。

下针

下针和上针是最基本的编织针法，请务必熟练这两种技法。

1

将织物置于左手，针目朝内侧。右针从左针背面穿入左针上的针目。

2-1

右手拉毛线球端的线，由后往前绕过右针，把线拉到两针之间。

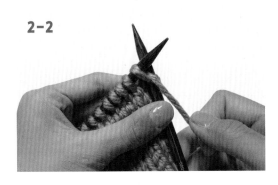

2-2

3-1

在线与右针平行挂着的情况下，把右针从左针的针目中往下拉出，拉出的同时钩住中间那条线转上来。

3-2

形成右针在上、左针在下的交叉状态。

4

接着直接把右针往上抬，将针目带离左针，即完成下针。

上针

1

在编织上针时，一定要先把线拉到内侧后再开始
编织。

2

将织物置于左手。右针穿入左针的针目中。

3-1

3-2

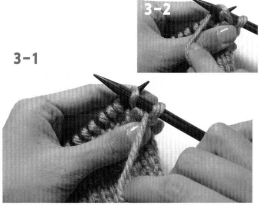

如图所示，把线在右针上从后往前绕一圈。

4-1

在线与右针平行挂着的情况下，把右针从左针的
针目中往外拉出。

4-2

5

接着直接把左针抽出，即完成上针。

环编（圆形编）

本书的毛衣都是以环状编织而成的。
在起好基本针线后，就可按照图解开始织下针或上针。

1

起好针后，使针目的结往针的内侧排列整齐（避免针目参差不齐或扭转）。右手抓着有毛线球端的针，左手则抓着另一头的针。

2-1

右针穿入左针第一针目，织出下针。

2-2

2-3

魔法圈（Magic Loop）

当我们使用一般环形针，而非可换头环形针时，因长针与连接绳的长度大于编织出的针目总长时，就必须使用魔法圈技巧，才能进行环状编织。

编织袖口等针数少的部位时，因为较狭窄，为了方便操作，通常会改用短环形针或双头棒针，这时也可以用长环形针搭配魔法圈技法。就算只要织6个针目，用魔法圈也能顺利编织。因此，魔法圈虽然是难度较高的技巧，但熟练之后，只要加以运用，编织各种毛衣时就会更顺手。

做法：

1.起针后，针目会集中在其中一支针（A）的那一侧，另一侧的针（B）上没有针目。

2.大约从整排针目中间的位置，轻轻地拉出连接绳，然后将原本在连接绳上的针目顺着套到没有针目的另一支针（B）上。

3.整理两支针上的针目，让针目的结朝向内侧面对面。

4.把两支针平行紧密排放在一起，有毛线的那一支针（A）放在下面。然后一手握住两支针的后端，另一手轻轻地把有毛线的那一支针笔直拉出来，形成空针（原本套在针上的针目会移到连接绳上）。

5.用空针开始编织另一支针上（B）的那一排针目。记得针上的针目与连接绳上的针目要尽量紧贴在一起。

6.织完一整排后，再把连接绳上的针目全部移到没有针目的针（B）上，整理好所有针目，把两支针平行放置。这时会形成与步骤4相同的样子。

7.按照步骤4～6的方法，持续编织下去即可。

2种针的环状编织方法

用长针
编织魔法圈　VS　直接用
短针编织

套、翻记号圈

用来帮助计算针数的记号。通常会套在起始针目上，
这样一来，当织到"记号圈"时就知道已完成一行。

1-1 套针号圈

1-2

像图示一样，把图形记号圈直接套到针上即可。
若没有记号圈，可以用短线绑成圈来使用。

1-3

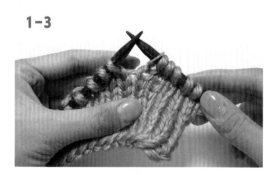

2-1 翻记号圈

当织到标记处时，将记号圈换到右针上，就可以
让记号圈停留在固定位置，继续往下编织。

2-2

2-3

收针

编织完成时，为避免针移除后针目松脱，会使用"收缝法"收尾。

收针的方式有很多种，以下介绍最常见的"套收针"。

请依照上一行的针目，编织上针后收针，或是编织下针后收针。

1

收针时，要先在右针上织2针。

2

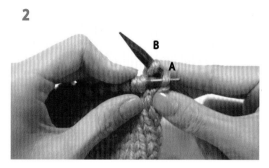

接下来要将右边的针目（A）套过左边的针目（B）。先把左针穿入右针第一个针目中。

3

左手食指抵着右针目头，拇指轻压针目往上推出后朝后翻，往下推回原位。

4

抽出左针，这时右针上还剩一个针目。

5

完成步骤4后，再多织一针，让右针上有2个针目。

6-1

重复步骤2~4的操作。

M1L

编织时若需要增加针上的针目，就会运用到"加针法"。

M1加针法，是利用两个针目之间的横线，拉出后增加一个新针目，

因方向不同，又可分为M1L（左加针）和M1R（右加针）。

1

确认2个针目间是否有一条横线。

2

将左针目头由前挑起那条横线，依图所示在左针上挂线。

3

右针由后穿入左针上的挂线。

4-1

接着织出下针（下针做法请见第24页）。

4-2

5

完成。

M1R

1

确认2个针目间是否有一条横线。

2

将左针自头由后挑起那条横线，依图所示在左针上挂线。

3-1

右针由前穿入左针上的挂线。

3-2

形成左针在上、右针在下的交叉状态。

4

接着织出下针（下针做法请参考第24页）。

5

完成。

kfb

kfb是"下针的加针"，会在同一个针目上织下针与扭针，共做出两针。

1-1

1-2

先织下针（下针做法请见第24页），不要将左针抽出，让线留在针上。

2

3

右针稍微拉起。

如图所示，右针由后穿入左针。

4

5

织出下针。

完成。

pfb

pfb则是"上针的加针"，会在同一个针目上织上针与纽针，共做出两针。

1-1

先织上针（上针做法请见第25页），不要将左针抽出，让线留在针上。

1-2

1-3

2

左右两针稍微拉开距离，确认左针后方挂线的位置。

3

如图所示，用右针由后往前穿入那条挂线。

4-1

4-2

接着织出上针即完成。

M1L（左加针）

1

用左针由后穿入2个针目间的横线。

2

如图所示，用右针穿入挂在左针前面的线。

3-1

织出上针（上针做法请见第25页）。

3-2

3-3

M1R（右加针）

1

用左针由前穿入2个针目间的横线。

2

如图所示，用右针穿入挂在左针后面的线。针头要从原本前面那条线的上方穿出来。

3-1

织出上针（上针做法请参考第25页）。

3-2

3-3

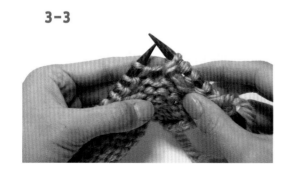

k2tog：左上2针并1针

k2tog是一种"减针法"，一次织2针下针。

做法与编织下针相同，只要改成一次穿入2个针目编织即可。

1

准备编织下针（下针做法请见第24页），在这里要一次穿入2个针目。

2

右针从左针下方穿入。

3

穿过去的样子。

4

线由后往前绕过右针，把线拉到两针之间。

5

线与右针平行，右针从左针的针目中往下拉出，并勾住中间的线往上转。

6

把右针往上抬，将针目带离左针即完成。

卷加针

卷加针常用在织片的边缘，只要用手把线卷在针上即可。
在编织Top-down毛衣的分袖步骤时都会使用到此技法。

1

如图所示，一手抓着右针，一手抓着毛线。

2

依图示用拇指把线卷起来。

3

针由下往上穿入挂在拇指前方的线。

4-1

抽出拇指。

4-2

5

拉线以收紧针目，即完成1针卷针加针法。

6-1

6-2

重复步骤1~5的操作，加到需要的卷针数。

编织用语补充说明

滑针：把针穿入针目中，不要编织，让此针目直接移到针上即可。

松紧针：由不同针数的上针、下针组合而成。书中若写织一行"单松紧针"，即反复织"1下针、1上针"。

平面挑针

"挑针"是指从织片上拉出新的线，做出新的针目。
在编织从领口开始的毛衣过程中，编织袖子时会需要先挑针。

1

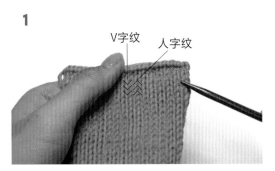

V字纹　人字纹

织面上会呈现"V"和"人"字纹路，先确认预织的位置，在V或人字纹的位置挑针。

2-1

从该行边缘的V或人字纹位置穿入针。

2-2

3

把要更换的线套在针上。

4

右手拉住线与针平行，针带线（往身体方向）从穿入的位置拉出来。

5

完成1针挑针。

6

编织下一针时，若先前是从V字纹挑针就从V字纹穿入，若是在人字纹挑针就一样从人字纹穿入。

7

把针穿过织物。

8

把线由从后往前绕针。

9

针带线拉出来。

10

完成2针挑针。

11

反复操作，挑针到所需针数即完成。

曲线挑针

1

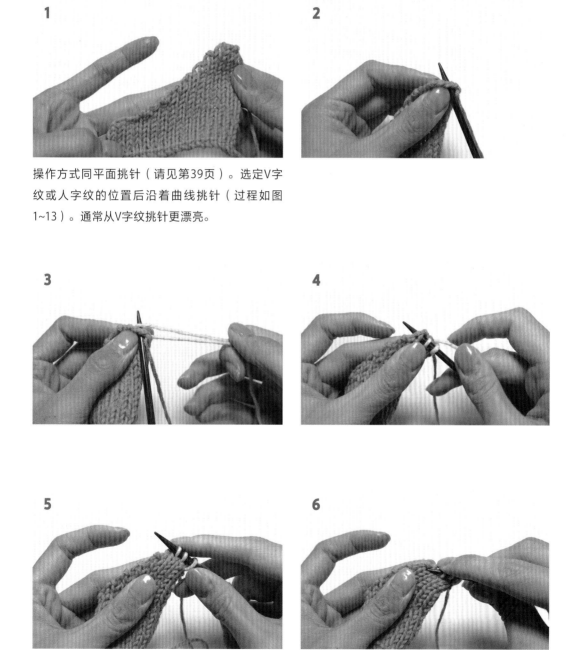

操作方式同平面挑针（请见第39页）。选定V字纹或人字纹的位置后沿着曲线挑针（过程如图1~13）。通常从V字纹挑针更漂亮。

2

3

4

5

6

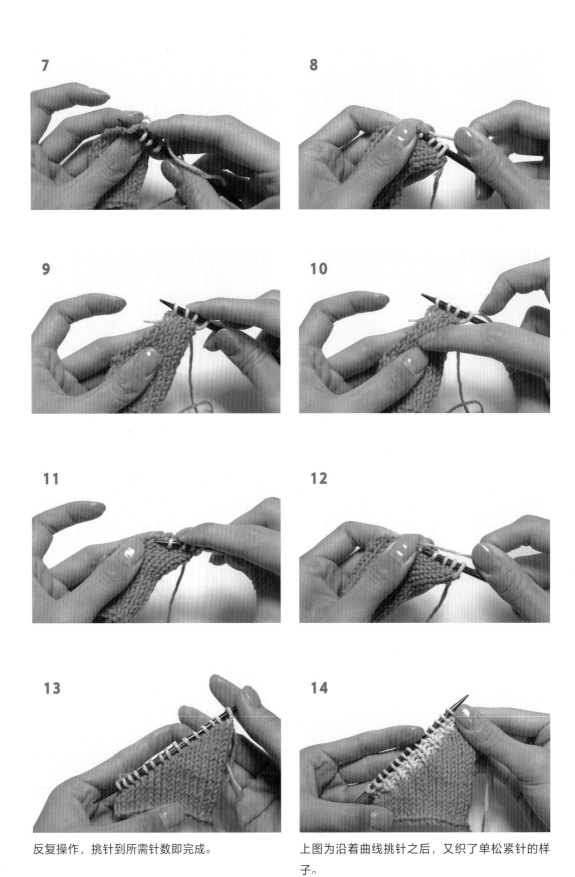

反复操作，挑针到所需针数即完成。

上图为沿着曲线挑针之后，又织了单松紧针的样子。

行挑针

1-1

1-2

进行挑针时，针要从V字纹的缝中穿入。比起从行的边缘开始，更建议从往内半个针目的地方挑针（挑针方式请见第39页）。

2-1

2-2

在V字纹的位置挑1针，并依据织图指示边滑针边挑针，完成1行后，再重复编织至所需长度。由于行和针目间会有大小差异，若是所有V字纹都挑针可能凹凸不平，因此需适时加入滑针。编织时要挑多少针目再滑针，都取决于织图和织片密度的比例。

2-3

2-4

2-5

2-6

上图为完成行挑针的样子。

分袖

"分袖"是编织从领口开始的毛衣时重要的一环。

织出肩膀部分后，会将两边袖子的针目先移到另一条线上，等到

编织完身体部分后，再回去将袖子编完。

确认衣服上袖子的位置。以拉格伦毛衣的情况来说，应以拉格伦线为基准线来区分袖子和身体；而没有肩线的圆育克毛衣则需依照图解指示的针数来编织。

将零碎的线穿进毛线针的针眼后备用；或是用连接绳，一端套上针套，另一端与小尺寸的针连接后备用。

根据图解的针数，将针目移到线或连接绳上。

这是完成移动针目的样子。

若移动到线上，把线打结；移动到连接绳上，就把针套套在剩下的一端，以免针目掉出（此行针目即之后要再回头编织的袖子）。

6-1

6-2

接下来编织卷加针。首先右手抓着针，左手抓着线。

7

依图所示，将线缠绕在拇指上。

8

针由下往上穿入挂在拇指前端的线。

9

抽出拇指。

10

拉线以收紧针目，完成1针卷加针。

11-1

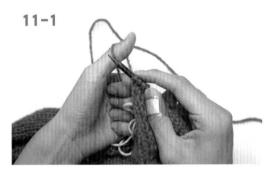

11-2

按照图解所写的卷针数，重复步骤7~10的操作。

12

这是完成所有卷加针的样子。

13

完成卷加针后，右针穿入左针上的第一针并织下针，织到图解所表示的身体部位针数。套上记号圈，重复步骤2~13，即完成一件衣服的分袖。

袖笼的挑针及编织

当身体部分编织完成后，要回到袖子时，必须先将分袖时移转的针目套回针上才能继续编织。

把分袖时移动到线或连接绳上的针目，再次套回针上。

针目套好后，把线的结剪断并拉掉。

把线挂在左手。确认人字纹的位置后，开始挑针（做法请见第39页）。

把针穿入后，让线在针头上绕一圈，然后针带线拉出来。

5-2

依照图解所标示的针数，完成挑针。

6

稍微拉开左针和右针的距离，确认两针之间的横线。

7

用左针由后穿入并往上拉起。

8-1

把右针穿入左针上拉起的针目和下1针后，织下针（下针做法请见第24页）

8-2

9

紧接着环编（请见第26页）织出袖子。

腋窝处洞口缝合

毛衣编织完成后，最后步骤就是缝合腋窝处的洞口，
请用缝衣针仔细地缝合后，再剪掉多余的线。

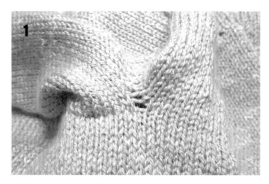

确认腋窝处洞口的位置。

翻到衣服翻面，把留在反面的线穿过缝衣针的针眼。

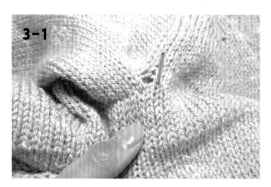

翻回衣服正面，缝衣针从洞口旁边的V字纹处，由内向外穿出。

将缝衣针穿出后，再穿过正上方的V字中间。

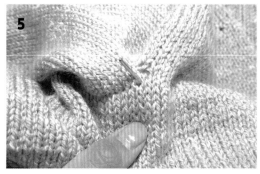

先留着中间的洞口，从对角线的V字纹处，由内向外穿出。

6

将毛线针穿出后，在穿进正上方的V字中间。

7-1

重复步骤3~6的操作，直到洞口缝合为止。

7-2

8

在衣服的反面藏线，打结收尾。

用缝衣针织"单松紧针"收缝

比起一般的收针法（第29页），以缝衣针织松紧针来收
针，其织布会更有弹性。

预留一些长度后剪线（若是收缝袖口，线长约为
开口宽度的3倍），把线穿进缝衣针的针眼。用缝
衣针从1的针目（下针）前方穿过去。

再从2的针目后方穿入。

缝衣针穿过去，拉线的样子。

再从1的针目后方穿入，带着针目拔出针外。

线引出后的模样。

检视前两个针。当第二针呈现"下针"的形状
时，就用缝衣针从2的针目前方穿入。

5-1

再从1的针目前方穿入，带着针目拔出针外。

5-2

线引出后的模样。

6

重新检视前两个针目。当第二针呈现"上针"的形状时，就让毛线针先从前两个针目之间由下往上穿出

7

然后用缝衣针从2的针目后方穿入。

8

接着从1的针目后方穿入，带着针目拔出针外。依照同样原则，观察第2针的形状后，重复步骤4~8的操作。

Top-Down Knit

第三章

了解织片密度

什么是织片密度

织片密度是在编织作品之前，必须知道的"尺寸指南"。

上图的两个织片，分别是两位不同的人用"一样的针、一样的线"编织了"一样的针数、一样行数"的织片。一般来说，用相同条件来编织，应该会有相同结果才对，但是这两个织片的大小却不一样。为什么会这样呢？

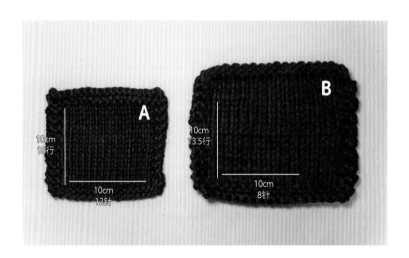

正是因为每个人的编织力道不同，成品大小也会随之不同。假如这两个人在未测量、计算织片密度的情况下，看着同一张织图、用一样的针线来织衣服，这样就会有一人织出童装，另一人织出成人大小的衣服。

现在我们就来测量这两个人的织片密度。A在10cm范围内含12针18行，而B在10cm范围内含8针13.5行。（以V字纹为基准，从横排算就是针，从竖排算就是行。）换句话说，若A要织出10cm宽的围巾，就得织12针，而B只需织8针即可。假设A和B要织出一样的围巾，照着织图上写的"请先起12针，再接续编织上针"来编织，那么A就会织出宽度为10cm的围巾，而B则会织出宽度超过10cm的围巾。

织片密度是一种测量数值，规定10cm的范围内，横向、纵向各有多少针数、多少行数。也就是以cm的概念来换算成针数和行数的方法。只要知道10cm范围内有多少针数和行数，就可以知道1cm范围内有多少小数点单位的针数和行数，之后再乘上所需长度（cm）后，就能得出所需的针数和行数。

针数和行数并非绝对值，会随着外因而改变。举例来说，如上图所示，同样都是起针，但粗线面积比较大，而细线面积比较小。所以以下问题不成立："想要织围巾，请问该起多少针呢？"因为针数会随着编织力道，使用的针、线而改变。因此，应该要注意cm值。cm为固定数值，不会因外在因素而改变。

我们回到前面提到的A与B的织片密度。

如果A与B想要织出20cm宽的围巾，那么分别应起多少针呢？在10cm范围内，A的织片密度有12针，B的织片密度有8针。那么20cm分别就是24针和16针，所以只要各起24针和16针即可。

就像A和B的例子一样，想织出同样尺寸的编织物，即使是使用相同的线、相同的针，也会因为两者的织片密度不同，导致两人所需针数不同。

织片密度公式

与织片密度相关的公式如下

- 针数=1cm织片密度×cm

- cm=针数 ÷1cm织片密度

- 符合我的织片密度针数（行数）=[图解针数（行数）÷图解织片密度（行数）]×我的织片密度针数（行数）

- 图解织片密度：织图针数=我的织片密度：我的针数

即便图解上没有标示cm，只有标示针数和行数，也能计算出织片密度。因为针数其实就是"cm×1cm织片密度"，所以只要把织图上的针数除织图织片密度，就可以算出cm。而得出cm值后，再配合自己的织片密度来计算即可。

计算织片密度的例题

知道10cm范围内有多少针目后，就能知道1cm范围内有多少针。假设10cm范围内有12针，1cm就有1.2针。行也是一样，如果10cm范围内有13.5行，1cm就有1.35行（取到小数点第二位）。已知1cm范围内有多少针和行了，所以现在只需直接乘上cm的值即可。为了让各位能更清楚理解，我们来计算几个例题。

例题 1 金科长的织片密度是10cm×10cm18针20行。他的头围是60cm。请问金科长织一顶帽子需要起多少针？

例题 2 金科长的织片密度是10cm×10cm18针20行。金科长购买了一张图解，其说明如下：

织片密度：10cm×10cm25针27行

做法：起100针，再编织至8cm。

请问，根据金科长的织片密度，需要编织多少针和多少行？

例题1

（针数÷织片厘米数）×头围=（18÷10cm）×60cm=108   答：108针

例题2

- （织图针数÷图解织片密度针数）×我的织片密度针数
=（100÷2.5）×1.8=72针
- （织图行数÷图解织片密度行数）×我的织片密度行数
=（21.6÷2.7）×2=16行   答：72针16行

织片密度的编织操作

从现在开始，拿起你的线和针来编织，计算织片密度吧！不用想得太难，其实就只是织出一小片方形，再确认范围内有多少针数和行数而已。

基本上，要制作计算织片密度的织片时，得织"平针"纹路（假如要织麻花纹的毛衣，就要制作麻花纹路的织片密度）。

平针的纹路如下图，由V字纹所构成，是十分常见的衣服纹路，也是在环形针编织中最基本的技巧。

若要织出平针的纹路，在环状编织时，只要全织下针就能完成；而在平编时，就得织1行下针、1行上针来完成。我们先来测量平编时的织片密度。

拿一个现在你持有的线团，看看上面的标签内容说明。

这标签的意思是："此线若用10mm的针来织10cm，就会有10针（10 Stitches）14行（14 Rows）。"这里所标的织片密度是平均值，所以得实际编织后，才能知道自己的织片密度。

当这个线团搭配10mm的针来使用时，在10cm的范围内就会有10针，所以需织稍微大片一点，再测量10cm的范围。可以多起一点针，大概16针，这样在测量10cm时才会比较方便。假设线团上没有标签，那就多起一点针，并织出超过10cm的织片，以免起针数太少，没办法正确测量。

起好足够数量的针数之后，请阅读以下的"叙述式图解"来编织织片。

编织3行下针。接着反复下方2行的操作，直到平针的部分长达10cm以上。

下一行：先织3针下针、持续织上针直到剩3针、最后织3针下针。

下一行：整行全织下针。

反复上述2行的编织，直到平针的部分达到10cm时，再编织3行下针，结尾收针。

现在已经完成了可计算织片密度的编织。请确认织片上10cm的范围内横向、纵向有多少针数和行数。

由于从领口开始编织的毛衣主要是以环状编织，所以测量环编的织片密度最为准确。平编时为了编出平针的纹路，需反复"1行下针、1行上针"的顺序编织。不过在环编时，只需全部织下针，就能编出平针的纹路。

首先做10cm的起针，然后织一行下针，原本织平编的话，会翻面织下一行，但在这里不翻面，直接把针上的针目沿着连接绳往内推移到另一头的针上，然后再织一行下针，反复相同的动作即可。

下图左是完成的织片正面，图右是背面。这就是制作环编织片密度的简易方法，其实跟平编织片密度差异不大，可以按照自己方便的方式来做。但假设你的下针和上针的张力差距很大，那么建议还是测量环编的织片密度。织好后可以与平编的织片密度比较看看。

计算织片密度
的例题

织片完成后的清洗

通常使用针织编织而成的衣物，下水前后会有很大的差异。所以在完成计算密度的织片后，需清洗后再测量，这样才可以减少误差。

织片该如何清洗，取决于自己惯用的洗衣方式。假设好针织衫后，打算只用中性洗衣液手洗，那么织片也必须用同样的方式清洗；假如以后都会使用洗衣机，那么织片也要比照办理。

若是会定期送干洗，因为几乎不会发生衣服缩水、尺寸改变的情况，也就不需要事先试洗。

编织物用手洗加中性洗衣液清洗，或是用洗衣机清洗，都必须经过"定型（Blocking）"之后再晾干。

定型的步骤是先将几件折好的衣服或瑜伽垫等垫在清洗好的织物下方，将织物铺平整后，用图钉固定到完全干透，再来测量织片密度。

运用织片密度织出符合头围的帽子

利用计算出来的织片密度，来织一顶符合头围的帽子吧。

首先，要测量自己的头围。其次，乘上自己的1cm织片密度。现在已经得出帽子的针数。针数以偶数为佳，但也不一定。然后按照以下的叙述式图解来编织帽子。

按照自己头围所需的针数起针，套上起始记号圈，接着开始织环编。织6cm单松紧针（反复1下针、1上针）。接着，织下针直到所需帽子长度。直到最后一行的最后一针为止，反复一次织2针下针的操作。

帽子的收尾

1 照着图解完成编织，剪线并预留15cm左右的长度。

2 把套在左针上的针目全部移至毛线针上。

3 拉线收紧针目，藏线收尾。

4 帽子完成。

**如何在织图上
运用织片密度**

- 织图织片密度为14针17行，但我的织片密度为12针15行时 → 会织得比织图松 → 若再继续织下去，衣服尺寸会变大 → 更换细一点的针来调整织片密度。

- 织图织片密度为14针17行，但我的织片密度为16针20行时 → 会织得比织图紧 → 若再继续织下去，衣服尺寸会变小 → 更换粗一点的针来调整织片密度。

"运用织片密度"的意思并不是要逐一计算，而是要对照自己的和织图的织片密度，了解两者间的差距后做微调，然后再继续操作。

计算织片密度不是必需的，但会影响到最后成品呈现的结果。

若欲使用的线材粗细，跟图解中的线材差距很大，就必须计算织片密度。线的粗细差异，单凭调整针的粗细或力道是无法解决的。设计师在制作织图时，基本上会配合样本所使用的针、线比例来制作。当然也可以借由计算织片密度，多多少少在针数上作调整。但每种线材都有各自行和针目间的比例关系，织图中也会有隐藏的规律。因此，就算经过计算，整体的比例和形状也有可能会不太一样。

若想要完美运用经由计算得出的织片密度，就必须了解纱线的比例，也需考量编织物的张力等诸多条件。正因如此，在编织时，若想用的线材粗细跟织图的线材差距很大，一定要做好"比例上一定会不一样"的心理准备。

**计算织片密度的
范例**

织图织片密度：14针17行，我的织片密度：22针28行

若织图上写（起或织30针），那么只要计算"（30针÷织图织片密度）×我的织片密度"，就能算出符合我的织片密度的针数。行数也用同样的方式计算。

慵懒高领手织毛衣

Pingo Tweed Turtle Neck Top-down Sweater

作品织法参阅第79~82页

短灯笼袖拉格伦毛衣

Phil Air Peru Raglan Puff Top-down Sweater

作品织法参阅第83～86页

利落育克镂空纹毛衣

Yoke Punching Sweater

作品织法参阅第87~91页

高级质感方块纹育克毛衣

Square Pattern Yoke Sweater

作品织法参阅第92~96页

简约圆领手织毛衣

Phil Nuage Balloon Top-down Sweater

作品织法参阅第97~100页

气质V领手织毛衣

Fashion Aran V-neck Top-down Sweater

作品织法参阅第101～105页

拉格伦手织男友毛衣

Boyfriend Raglan Top-down Sweater

作品织法参阅第106~114页

渐变色驼毛条纹毛衣

Alpaca Stripe Sweater

作品织法参阅第115～119页

厚编织纹开襟衫

Phil Express Cardigan

作品织法参阅第120～125页

舒适马海毛开襟衫

Mohair Cardigan

作品织法参阅第126~131页

简约鞍肩手织毛衣

Majestic Saddle Shoulder Top-down Sweater

作品织法参阅第132～139页

蓬袖手织渔夫毛衣

Phil light Fisherman Top-down Sweater

作品织法参阅第140～146页

Top-Down Knit

第四章

Top-down 手织服与图解

如何阅读叙述式图解

- 叙述式图解不同于记号图，不需辨识记号就能读懂。举例来说，图解上写"10下针、15上针，其余全织下针"，在操作时，就是"先织10针下针，再织15针上针，之后其余的针统统织下针"。大部分的情况下，一个句子就是一行。平编中的一行是指"第一针到最后一针"，而环编中的一行则是"织至回到起始记号圈的一圈"。

- 开始编织前，先把织图从头到尾看一遍，实际编织时才能迅速理解。

- 请事先确认织图上标示的尺寸，再对照欲编织的尺寸位置上标示的针数。举例来说，尺寸标示为XS（S）M（L）XL，针数显示为10（10）10（10）12，就表示在编织S尺寸时，只要看第二个（）里标示的10。

  再举个例子，尺寸标为S（M）L，当针数呈现8（9）10，那么在编织L尺寸时，就只要看最后一个位置的10。假设尺寸很多，但在针数或反复次数只有一个数字时，代表所有尺寸都织一样的针数即可。

- 在开始操作一个部分之前，请先把那部分的句子仔细地阅读后再开始。答案都在织图的每个句子里。不需要看教学影片也能完成编织，所以请一句一句仔细阅读，依照句子来编织。

- ██ 内的句子，就是应编织的图解。其余的是针对该图解的说明。

- 编织过程中如遇到需更换成绳长的针时，请先放下右针，右手拿起欲更换的空针。用右针直接在左针上的针目做编织。等编织完所有的针目后，就会发现所有针目已全数移至一开始空着的针上。

慵懒高领手织毛衣

Pingo Tweed Turtle Neck Top-down Sweater

Info

尺寸：XS（S）M（L）XL

模特儿试穿尺寸：S

胸围：93（99）105（111）114cm

衣长：44（48）52（55）58cm（从颈部松紧边下方算起的长度）

织片密度：10cm × 10cm = 7mm环形针 · 平针13.5针 × 19行

针：6.5mm可换头环形针、7mm可换头环形针、40cm连接绳、80cm连接绳

线材：Pingo Tweed · 1011珠灰色（pearl）· 100g · 4（5）5（5）6球

这件拉格伦毛衣是从高领的部分开始织，并做出利落的拉格伦斜线。为了增加活动性，衣尾端会开衩，后片比前片稍长一点。这件用的是又粗又厚的线材，所以能迅速又简单地织出成品。

颈部

编织领口：环编单松紧针6.5mm环形针接上43cm连接绳后，环状起针，起62（66）66（70）74针，再织12cm（26行）单松紧针（反复1下针、1上针）。

一开始就要套上起始记号圈来标示行的第一针。环编时，若织回起始记号圈的位置时，就代表完成了一圈（1行）的编织。不需拔除记号圈，只需要翻记号圈后继续编织即可。

开始编织肩膀

肩膀第1行：更换成7mm的针，织10（10）10（10）12针下针、套记号圈、织21（23）23（25）25针下针、套记号圈、织10（10）10（10）12针下针、套记号圈、织21（23）23（25）25针下针。

含起始记号圈，总共套了4个记号圈。以记号圈为基准点，10（10）10（10）12针的地方是袖子，而21（23）23（25）25针则是身体的部分。起始记号圈使用和其他记号圈不同的颜色，才不会搞混。

肩膀的拉格伦加针

第2行：1下针、M1L、下针至下个记号圈前1针、M1R、1下针、翻记号圈、1下针、M1L、下针至下个记号圈前1针、M1R、1下针、翻记号圈、1下针、M1L、下针至下个记号圈前1针、M1R、1下针、翻记号圈、1下针、M1L、下针至下个记号圈（起始记号圈）前1针、M1R、1下针

第3行：下针

反复第2行至第3行的编织，织到37（39）41（43）45行为止。

中间可更换成80cm连接绳。

开始、结束都各有一次M1L
和 M1R 的加针。

下针至下个记号圈前1针：
指下1针一直到记号圈的前1
针全织下针。

TIP
一行织加针，一行全织下
针，重复这两行操作，织到
所需尺寸行数。

可以使用行数圈（回纹针
形）在每个加针行的第一针
上做标示，以便确认是否该
加针，而且也不容易搞混。

每行有4个记号圈，所以每织好（1下针、翻记号圈、1下针），两侧就要分别用M1R和M1L做加针。这样一来，每行总共会增加8个针目。

依照需要的尺寸织到第37（39）41（43）45行时，确认各尺寸的总针数是否正确：

"/"代表记号圈。袖子 / 身体 / 袖子 / 身体

XS：46 / 57 / 46 / 57 / 共206针

S：48 / 61 / 48 / 61 / 共218针

M：50 / 63 / 50 / 63 / 共226针

L：52 / 67 / 52 / 67 / 共238针

XL：56 / 69 / 56 / 69 / 共250针

分袖

分袖时，需另准备连接绳和针套，或是零碎的线和毛线针。将袖子的针目移到连接绳或是零碎的线上后会暂休针，先织完身体的部分。现在要进行的是移动袖子针目以及分袖，可以拔除所有的记号圈。

开始分袖。先移动 46（48）50（52）56针后暂休针（袖子部分），织6（6）8（8）8针卷加针并套上记号圈（标示身体侧线），完成后，织57（61）63（67）69针下针（身体部分）。再移动46（48）50（52）56个针后暂休针（袖子部分），织6（6）8（8）8针卷加针并套上记号圈（标示身体侧线），完成后，织57（61）63（67）69针下针（身体部分）。

这里第一个套上的记号圈（标示身体侧线）就是起始记号圈了。挂在针上的总针数为126（134）142（150）154针。请确认针数是否正确。挂在针上的针目之后会变成身体部分。

编织身体

TIP
平编跟织围巾一样，需要正、反面翻来翻去地编织。针数为奇数，第一行正面：下针、上针、下针、上针……下针结束，下一行反面：上针、下针、上针、下针……上针结束。只要反复这两行的操作即可。

下摆编织：平编单松紧针后片比前片长2cm。

持续环编下针，直到从卷加针的部分算起，总长达 20（23）26（28）30cm为止。

可以一边试穿一边织，织到所需长度为止。示范样本的长度是偏短的版型。

织好衣长之后，使用另外的连接绳和针套，或是零碎的线和毛线针，移动从起始记号圈到下一个身体侧线记号圈的针目，移动后暂休针。衣服下摆的前片和后片要分开编织。此刻开始，要编织平编，而非环编。前片：使用6.5mm针在针上的63（67）71（75）77个针目上，织6cm（12行）单松紧针（反复1下针、1上针），完成后收针。

后片：将刚休针的另一端身体部位的针目套进 6.5mm 针上，并织8cm。（18行）单松紧针（反复1下针、1上针），完成后收针（后片比前片长2cm）。

编织袖子

把前面休针的46（48）50（52）56个针目套回7mm针上，并取新的线，在身体部分织好的6（6）8（8）8目卷加针上挑6（6）8（8）8针。挑好针后，套上起始记号圈来标示袖子行的起始位置。

现在针上有52（54）58（60）64个针目。

从手臂下方（卷加针的部分）开始环编下针，直到总长达40（40）43（44）45cm为止。

袖子松紧行

现在更换成 6.5mm针，织6cm（12行）单松紧针（反复1下针、1上针），完成后收针。

另一边袖子也用同样的方式编织。

收尾

整理剩余的线，腋窝处的洞口则用穿好线的缝衣针收合。

短灯笼袖拉格伦毛衣

Phil Air Peru Raglan Puff Top-down Sweater

Info

尺寸：XS（S）M（L）XL

模特：儿试穿尺寸XS

胸围：92（93）101（104）110cm

衣长：50（52）53（54）56cm

织片密度：10cm × 10cm = 8mm环形针 · 平针13针 × 17行

针：6mm可换头环形针、8mm可换头环形针、40cm连接绳、80cm连接绳

线材：Phil Air Perou · 2447矿物黑（Mineral） · 50g · 3（4）4（5）5球

这件是 Top-down 拉格伦毛衣的基本型。灯笼式的短款袖子更能凸显女性气质。由于领口是在最后才回来挑针编织，没有因长时间编织而被拉扯，所以不会松松的。

编织肩膀

TIP

以环编开始，起好针后，右手抓着多余线的针，在左针（起的第一针）上织下针，即开始编织环编。

若是使用一般环形针。而非可换头环形针，则编织魔法圈。

肩膀的拉格伦加针

TIP

反复（1下针、翻记号圈、1下针）就会形成拉格伦线（从颈部到腋窝的斜线）。并以偶数行上套记号圈的拉格伦线为基准点，使用M1L和M1R各在拉格伦线的两侧加针。

一遇到记号圈的前1针，就织M1R、（下针、翻记号圈、下针）、M1L，其余全织下针。在起始记号圈的地方也有拉格伦线，所以开始、结束都各有一次M1L和M1R的加针。

一行织加针，一行全织下针，重复这两行操作，织到所需尺寸行数。

可以使用行数圈（回纹针形）在每个加针行的第一针上做标示，以便确认是否该加针，而且也不容易搞混。

8mm环形针接上43cm连接绳后，环状起针，起52（58）60（60）62针。

第1行：织8（10）10（10）10针下针、套记号圈、织18（19）20（20）21针下针、套记号圈、8（10）10（10）10针下针、套记号圈、织18（19）20（20）21针下针、套记号圈

最后一个记号圈标示的是行的起始点，请用容易辨别的颜色或形状。

环编时，若织回起始记号圈的位置时，就代表完成了一圈（1行）的编织。不需拔除记号圈，只需翻记号圈后继续编织即可。这里以记号圈为基准点，8（10）10（10）10针是袖子 8（19）20（20）21针则是身体部位。

第2行：1下针、M1L、下针至下个记号圈前1针、M1R、1下针、翻记号圈、1下针、M1L、下针至下个记号圈前1针、M1R、1下针、翻记号圈、1下针、M1L、下针至下个记号圈前1针、M1R 1下针、翻记号圈、1下针、M1L、下针至下个记号圈（起始记号圈）前1针、M1R、1下针

第3行：下针

反复第2行至第3行的编织，一直织到35（35）39（41）43行为止

中间可以更换成80cm连接线。

依照需要的尺寸织到第35（35）39（41）43行时，确认各尺寸的总针数是否正确：

"/"代表记号圈。袖子，身体，袖子，身体

XS：42 / 52 / 42 / 52 / 共188针

S：44 / 53 / 44 / 53 / 共194针

M：48 / 58 / 48 / 58 / 共212针

L：50 / 60 / 50 / 60 / 共220针

XL：52 / 63 / 52 / 63 / 共230针

分袖

分袖时，需另准备连接绳和针套，或是零碎的线和毛线针。将袖子的针目移到连接绳或是零碎的线上后会暂休针，先织完身体的部分。现在要进行的是移动袖子针目以及分袖，可以拔除所有的记号圈。

开始分袖。先移动 42（44）48（50）52针后暂休针（袖子部分），织8针卷加针。完成卷加针后，织52（53）58（60）63针下针（身体部分）。再移动42（44）48（50）52针后暂休针（袖子部分），织8针卷加针。完成卷加针后，织52（53）58（60）63针下针（身体部分）。

回到起始记号圈的位置了。现在针上的总针数为120（122）132（136）142针。请确认针数是否正确。挂在针上的针目之后会变成身体部分。

编织身体

持续环编下针，直到衣长达 41（43）43（46）46cm为止。

可以一边试穿一边织，织到所需长度。

织好身体的衣长之后，就更换成6mm针，织6cm长的单松紧针（反复1下针、1上针），完成后收针。

编织袖子

取新的线，在身体部分织好的8针卷加针上挑8针。

接着，把前面休针的42（44）48（50）52针套回到针上，并环编下针。

织好下针后，就套上记号圈来标示袖子行的起始位置。现在的针上有50（52）56（58）60针。

袖子减针，松紧行

从手臂下方（卷加针的部分）开始织下针，直到总长达10（12）12（13）13cm。

把袖子织到需要的长度后，为了做出袖子的蓬松感，在织松紧行之前必须先减针。这里的针数变少了，所以可以使用短环形针、双头棒针，或者用长环形针搭配魔法圈技法来编织。

在开始编织松紧行之前，要先把针数减半。请持续操作一次k2tog，直到剩下最后2（0）0（2）0针。

现在更换成6mm针，织4cm长的单松紧针（反复1下针、1上针），完成后收针。另一边的袖子也用同样的方式编织。

袖口要弄得松松的，手臂的地方才不会太紧。用缝衣针织单松紧针收缝技法来收尾，比较能保有舒服的弹性。

领口

使用6mm针、套上新的线，在领口处挑52（58）60（60）62针。

织6行（3.5cm）单松紧针后藏线收尾，或者用毛线针织单松紧针收缝。（颈部较窄，建议用缝衣针织单松紧针收缝。）

收尾

整理剩余的线，腋窝处的洞口则用穿好线的缝衣针收合。

利落育克镂空纹毛衣

Yoke PunchingSweater

Info

尺寸：XS（S）M（L）XL

模特儿试穿尺寸：XS

胸围：84（90）98（102）108cm

衣长：55（59）63（67）70cm

织片密度：10cm × 10cm = 4mm环形针 · 平针 · 20针 × 31行

针：4mm可换头环形针、43cm连接绳、60cm连接绳、100cm连接绳

线材：King Cole Cotton Top · 4221石灰色（Stone）· 100g · 4（4）5（5）6球

这是一件基本款的圆育克毛衣。在特定的行上分配加针后，做出独特的圆肩线，并在加针的部分刻意弄出小洞来做出纹路，增添亮点。最后一行不做松紧行处理，而是做成刚刚好贴身的设计，是一件非常适合搭配外套的利落毛衣。

育克、肩颈部位

TIP

起好针后，右手抓着多余线的针，在左针（起的第一针）上织下针，即开始编织环编。编织环编时，若织回起始记号圈的位置时，就代表完成了一圈（1行）的编织。不需拔除记号圈，只需翻记号圈后继续编织即可。

4mm环形针接上43cm连接绳后，环状起针，起80（88）96（100）108针。套上记号圈后再继续操作。

完成起针后，织3行下针。

肩膀加针part1

　　育克镂空纹毛衣的加针（以下简称加针）是在刻意弄出小洞的同时增加针目。技法类似M1L，但织的过程不做扭转。请参考下方图。

1 将两个针目之间的横线挂在右针上。

2 如同织下针般，把线绕在右针上。

3 在有绕线的情况下，以下针的方式挂针后拉出。

4 完成加针。

整行反复操作（2下针、1次加针）

现在有120（132）144（150）162针。请确认针数是否正确。可以更换成60cm连接绳。

持续编织下针，直到从颈部算起，总长达3（3）3.5（3.5）3.5cm。

肩膀加针part2

整行反复操作（3下针、1次加针）

现在有160（176）192（200）216针。请确认针数是否正确。

持续编织下针，直到从颈部算起，总长达6（6）6.5（6.5）7cm。

肩膀加针part3

整行反复操作（4下针、1次加针）

现在有200（220）240（250）270针。请确认针数是否正确。可以更换成100cm连接绳。

持续编织下针，直到从颈部算起，总长达9（9）10（11）12cm。

肩膀加针part4

整行反复操作（5下针、1次加针）

现在有240（264）288（300）324针·。请确认针数是否正确。

现在加针的部分已完成。持续编织下针，直到从颈部算起，总长达20（22）24（26）27cm为止。

现在育克的部分已完成。接下来要进行分袖。

肩膀纹样参考图

分袖

分袖时，需另准备连接绳和针套，或是零碎的线和毛线针。将袖子的针目移到连接绳或是零碎的线上后会暂休针，先织身体的部分。现在要进行的是移动袖子针目以及分袖，可以拔除所有的记号圈。

开始分袖。先移动 46（52）56（58）64针后暂休针（袖子部分），织10（10）10（12）12针卷加针，完成卷加针后，织74（80）88（92）98目下针（身体部分）。再移动 46（52）56（58）64针后暂休针（袖子部分），织10（10）10（12）12针卷加针，完成卷加针后，织74（80）88（92）98针下针（身体部分）。

回到起始记号圈的位置了。现在有168（180）196（208）220针。请确认针数是否正确。

编织身体

持续环编下针，直到从卷加针的部分算起总长达 35（37）39（41）43cm为止，最后收针结尾。

可以一边试穿一边织，织到所需长度。

编织袖子

取新的线，在身体部分织好的10（10）10（12）12针卷加针上挑10（10）10（12）12针。接着，把前面休针的46（52）56（58）64针套回针上，并环编下针。

织好下针后，套上记号圈来标示袖子行的起始位置。现在针上的总针数为56（62）66（70）76针。

从手臂下方（卷加针的部分）开始织下针，直到总长达27（27）28（29）30cm，最后收针结尾。

另一边的袖子也用同样的方式编织。

此为七分袖，但也可以一边试穿一边织，织到所需长度。

收尾

整理剩余的线，腋窝处的洞口则用穿好线的缝衣针收合。

秋冬换季时搭一件风衣外套就很时髦。

高级质感方块纹育克毛衣

Square Pattern Yoke Sweater

Info

尺寸：12~18个月大孩童的尺寸

胸围：52cm

衣长：26cm

织片密度：10cm × 10cm = 3.5mm环形针·方块格·28针 × 33行

针：3.5mm可换头环形针、43cm连接绳、60cm连接绳

线材：Phil Soft+·108906粉末蓝（Powder blue）·25g·4球

具有独特方块感纹路的儿童毛衣，需要逐步编织出规则性的花纹，编织的过程中也充满乐趣。若用同样的针数、使用 8mm以上的粗针和粗线来编织，就能做出成人的尺寸。

编织肩膀

TIP

起好针后，右手抓着有余线的针，在左针（起的第一针）上织下针，即开始编织环编。编织环编时若织回代表完成了一圈（1行）的编织。

若是使用一般环形针，而非可换头环形针，则编织魔法圈。

3.5mm环形针接上40cm连接绳后，环状起针，起84针。套上记号圈来标示开始的位置。

肩膀纹路1（3针规则）

第1行～第7行：整行反复操作（3下针、3上针），共7行。

第8行：整行反复操作（2下针、M1L、1下针、1上针、pfb、1上针）。

肩膀纹路 2（4针规则）

第9行～第15行：整行反复操作（4上针、4下针），共7行。

第16行：整行反复操作（2上针、pfb、1上针、3下针、M1L、1下针）。

肩膀纹路3（5针规则）

第17行～第24行：整行反复操作（5下针、5上针），共8行。

第25行：整行反复操作（4下针、M1L、1下针、3上针、pfb、1上针）。

肩膀纹路4（6针规则）

第26行～第34行：整行反复操作（6上针、6下针），共9行。

第35行：整行反复操作（4上针、pfb、1上针5下针、M1L、1下针）。

中间可更换成 60cm 连接绳。

肩膀纹路5（7针规则）

第36行～第45行：整行反复操作（7下针、7上针），共10行。

这里的纹路不做加针。

总针数：196针（28个方格 7针）

分袖

分袖时，需另准备连接绳和针套，或是零碎的线和毛线针。将袖子的针日移到连接绳或是零碎的线上后会暂休针，先织完身体的部分。现在要进行的是移动袖子针目以及分袖，可以拔除起始记号圈以外的所有记号圈。

开始分袖，先移动42针（6个方格）后暂休针（袖子部分），织14针卷加针，完成卷加针后，织56针（8个方格）下针（身体部分）。再移动42针（6个方格）后暂休针（袖子部分），织14针卷加针，完成卷加针后，织56针（8个方格）下针（身体部分）。

回到起始记号圈的位置了。现在针上有140个针目。请确认针数是否正确。挂在针上的针目之后会变成身体部分。

编织身体

环编，反复编织（7上针、7下针），一个纹路有11行。织好11行的（7上针、7下针）以后，接下来的纹路要织11行的（7下针、7上针，直到做出竖排上有7个一凹一凸、规律交替的方格为止）一共织77行。

在织出7个方格前都反复编织。最开始织的时候纹路不会很明显，但只要反复编织就会逐渐清楚。

身体的地方织好7格的纹路后，接下来的一整行反复操作（k2tog、3针下针、一次织2针下针、一次织2针上针、3针上针、一次织2针上针），对准纹路来织7行，完成后收针。

编织袖子

TIP

因为袖围较窄，建议使用魔法圈技法来编织，或是使用双头棒针、短环形针。

没有在所有袖子的卷加针上挑针的原因是：若为了符合规则，所有针目都挑针，这样袖围会变得太宽，腋窝的位置也会变得奇怪。

取新的线，在身体部分之前织好14针卷加针的地方，共挑8针。在挑针时，跳过1针后对齐挑2针、跳过1针后对齐挑2针、跳过2针后对齐挑2针、跳过1针后对齐挑2针、跳过1针后，再把刚休针的42针套回针上。

袖子卷加针的部分

接下来，在卷加针挑针的地方依（4上针、4下针）的规律来编织，袖围则依（7上针、7下针）规律编织。

同身体部位的操作，纹路都要交替着编织。一个纹路有11行。织好11行的（7上针、7下针）以后，接下来的纹路要织11行的（7下针、7上针）。就这样，在织出7个方格前都反复编织。但只有在卷加针的地方要照（4上针、4下针），一共织77行。直到做出竖排上有7个方格为止，或（4下针、4上针）的规则来织。

袖子收尾

袖子织好7格的纹路后，接下来的一整行反复操作（一次织2针下针、3针下针、一次织 2针下针、一次织2针上针、3针上针、一次织2针上针），对准纹路来织5行，完成后收针。这里得弄得较宽松，手臂的地方才不会太紧。

另一边的袖子也用同样的方式编织。

收尾

整理剩余的线，腋窝处的洞口则用穿好线的缝衣针收合。

简约圆领手织毛衣

Phil Nuage Balloon Top-down Sweater

Info

尺寸：XS（S）M（L）XL

模特儿试穿尺寸：M

胸围：96（102）108（112）118cm

衣长：50（52）53（54）56cm

织片密度：10cm × 10cm = 12mm环形针·平针·10针×14行

针：12mm可换头环形针、8mm可换头环形针、43cm连接绳、80cm连接绳

线材：Phil Air Perou·1192米黄色（Beige）·50g4（4）4（5）5珠

> 这件是使用粗针快速编织的基本款拉格伦毛衣。利用kfb加针法来做出拉格伦线，编织过程中可以感受到和M1R、M1L加针法的不同处。由于领口是在最后才做挑针编织，所以不太会变形。

编织肩膀

TIP

以环编开始，请避免针目纠结在一起。起好针后，右手抓着有余线的针，在左针（起的第一针）上织下针，即开始环编。

若是使用一般环形针，而非可换头环形针，则编织魔法圈。

12mm环形针接上43cm连接绳后，环状起针，起52（58）60（60）62针。

第1行：织8（10）10（10）10针下针、套记号圈、织18（19）20（20）21针下针、套记号圈、织8（10）10（10）10针下针、套记号圈、织18（19）20（20）21针下针、套记号圈

最后一个记号圈标示的是行的起始点，请用容易区分的颜色或形状的记号圈套上。环编时，若织回起始记号圈的位置时，就代表完成了一圈（1行）的编织。不需拔除记号圈，只需翻记号圈并继续编织即可。这里以记号圈为基准点，8（10）10（10）10针是袖子，18（19）20（20）21针则是身体部位。

TIP

每次遇到记号圈，就以记号圈为基准点往两侧面加针。在第一行第一个针目旁边有记号圈，所以第二行第一个针目就要用kfb的方式加针。第二行最后一个针目旁边也有记号圈，所以最后一个针目也要用kfb的方式加针。

第2行：翻起始记号圈、kfb、下针至下个记号圈前1针、kfb、翻记号圈、kfb、下针至下个记号圈前1针、kfb、翻记号圈、kfb、下针至下个记号圈前1针、kfb、翻记号圈、kfb、下针至下个记号圈前1针、kfb

总共会有4个记号圈，于记号圈两侧做加针，这样每一行都会增加8个针目。

TIP

一段用kfb往记号圈两侧加针，一段全织下针，重复这两段操作，织到所需尺寸段数。

可以使用行数圈（回纹针形）在每个加针的第一针上做标示，以便确认是否该加针，而且也不容易搞混。

请随时注意各袖子、身体部位经加针后的针数是否对称。

第3行：下针

反复第2行～第3行的编织，一直织到21（23）25（27）29行为止。

中间可以更换成80cm连接绳。

织到第21（23）25（27）29行时，确认各尺寸的总针数是否正确：

"/"代表记号圈。袖子 / 身体 / 袖子 / 身体

XS：28 / 38 / 28 / 38 / 共132针

S：32 / 41 / 32 / 41 / 共146针

M：34 / 44 / 34 / 44 / 共156针

L：36 / 46 / 36 / 46 / 共164针

XL：38 / 49 / 38 / 49 / 共174针

分袖

分袖时，需另准备连接绳和针套，或是零碎的线和毛线针。将袖子的针目移到连接绳或是零碎的线上后会暂休针，先织完身体的部分。现在要进行的是移动袖子针目以及分袖，可以拔除所有的记号圈。

开始分袖。先移动28（32）34（36）38针后暂休针（袖子部分），织10针卷加针。完成卷加针后，织38（41）44（46）49针下针（身体部分）。再移动28（32）34（36）38针后暂休针（袖子部分），织10针卷加针。完成卷加针后，织38（41）44（46）49针下针（身体部分）。

回到起始记号圈的位置了。现在针上的总针数为96（102）108（112）118针。请确认针数是否正确。挂在针上的针目之后会变成身体部分。

编织身体

持续环编下针，直到颈部至衣摆长达41（43）43（46）46cm。

可以一边试穿，一边织到所需长度。

织好衣长之后，就更换成8mm针，持续编织单松紧针（反复1下针、1上针）直到6cm长，完成后收针。

编织袖子

取新的线，在身体部分织好的10针卷加针上挑10针。

接着，把前面休针的28（32）34（36）38个针套回12mm针上，并环编下针。

织好下针后，就套上记号圈来标示袖子行的起始位置。现在的针上有38（42）44（46）48个针目。

从手臂下方（卷加针的部分）开始织下针，直到总长达40（41）42（43）44cm。

袖子减针、松紧行

把袖子织到需要的长度后，为了做出袖子的蓬松感，在织松紧行之前必须先减针。这里的针数变少了，所以可以使用短环形针、双头棒针，或者用长环形针搭配魔法圈技法来编织。

在开始编织松紧行前，要先把针数减半。请持续操作k2tog（一次织2针下针）直到剩下最后2（2）0（2）0针。

现在更换成8mm针，织4cm长的单松紧针（反复1下针、1上针）。

完成后收针。这里要弄得松松的，这样手臂的地方才不会太紧。

用缝衣针织单松紧针收缝技法来收尾，才会有弹性。

另一边的袖子也用同样的方式编织。

领口

使用8mm环形针，套上新的线，在领口的地方挑针。

共挑52（58）60（60）62针。

织4行单松紧针（反复1下针、1上针）后藏线收尾，或者用缝衣针织单松紧针收缝。

收尾

整理剩余的线，腋窝处的洞口则用穿好线的缝衣针收合。

气质V领手织毛衣

Fashion Aran V-neck Top-down Sweater

Info

尺寸：FREE

胸围：110cm

衣长：（从后颈松紧边算起）47cm

织片密度：10cm×10cm=5mm环形针15.5针×23行

针：5mm可换头环形针、4.5mm可换头环形针、43cm连接绳、100cm连接绳

线材：Fashion Aran·3320泰里红（Tiree）·400g·1球

这是一件V领的 Top-down 拉格伦毛衣。V领的挑针、松紧行做法，也可运用在编织背心上。试着织一遍看看，可以学到各式各样的编织法喔！

起针

TIP

以平编开始，而非环编，等做出 V领的部分之后，再用环编来织。

————————————

后面只要在织图上看到"/"，就直接把记号圈翻到右针上。

以5mm环形针起56针的基本针。并请看下方记号圈的划分来起针和套记号圈。

1（左前片）/2（拉格伦）/6（袖子）/2（拉格伦）/34（后片）/2（拉格伦）/6（袖子）/2（拉格伦）/1（右前片）。

这里的"/"代表记号圈，是用来划分后续需加针的位置。

基本针上有2针的拉格伦线、6针的两侧袖子，34针则是后颈的部分。前颈的部分会在后面利用卷加针的针法来编织。

前颈之定型

TIP

织好卷加针后，把卷加针当作普通的针目来编织即可。卷加针要织在有针目的针上，而非空针上，再来，不需把织好的卷加针移到其他的针上，也不需单独挑出来织。

第1行（正面）： 全织上针。

第2行（反面）： 1卷加针、下针至记号圈、M1R、翻记号圈、2下针、翻记号圈、M1L、下针至下个记号圈、M1R、翻记号圈、2下计、翻记号圈、M1L、下针至下个记号圈、M1R、翻记号圈、2下针、翻记号圈、M1L、下针至下个记号圈、M1R、翻记号圈、2下针、翻记号圈、M1L、1下针、1卷加针。

第3行（正面）： 全织上针。

第4行（反面）： 1卷加针、下针至记号圈、M1R、翻记号圈、2下针、翻记号圈、M1L、下针至下个记号圈、M1R、翻记号圈、2下针、翻记号圈、M1L、下针至下个记号圈、M1R、翻记号圈、2下针、翻记号圈、M1L、下针至下个记号圈、M1R、翻记号圈、2下针、翻记号圈、M1L、其余针目全织下针、1卷加针。

反复第3行—第4行的编织，织到左前片有33个针目、后片有66针、袖子各有38针为止，一共32行。

在"反面（含卷加针的行）"织到所需针目后，下一行即第33行不织上针，也不需翻面，穿入左针上第一个针目后编织下针，并开始操作环编。开始编织环编后，第一个遇到的记号圈（在左袖拉格伦线处的记号圈）就是起始记号圈。回到起始记号圈，就表示已织完一整行的下针。

拉格伦加针

织好一整行的下针（环编）之后，反复操作以下3行，有到袖子各有50个针目、前后片均有78个针目为止。

加针行：翻起始记号圈、2下针、翻记号圈、M1L、下针至下个记号圈、M1R、翻记号圈、2下针、翻记号圈、M1L、下针至下个记号圈、M1R、翻记号圈、2下针、翻记号圈、M1L、下针至下个记号圈、M1R、翻记号圈、2下针、翻记号圈、M1L、下针至下个记号圈、M1R

下一行：下针

再下一行：下针

织到袖子各有50个针目、前后片均有78个针目以后，即一共重复12次，需再多织2行下针。

分袖

到了分袖阶段，可以在编织的同时拔除所有记号圈。因为会从拉格伦线的两侧各拿1针，所以分袖时会多2个针目。

翻起始记号圈、1下针、使用另外的连接绳（或另外的线和毛线针）移动52个针目（包含两侧各1针的拉格伦）、8卷加针、80下针、使用另外的连接绳（或另外的线和毛线针）移动52个针目（包含两侧各1针的拉格伦）、8卷加针、80下针

现在针上的总针数为176针。

编织身体

在针上的176针上统统织下针，直到从卷加针的部分算起，总长达24cm为止。

身体部位的松紧行

编织松紧行前，先更换成4.5mm针，并编织反复[15针下针、k2tog（一次织2针下针）]至剩下6针、最后6针织下针。

接着从下一行开始织单松紧针（反复1下针、1上针），直到6cm长为止，完成后收针。

开始编织袖子

把套在另外的线或连接绳上的52个针目套回 5mm 针上。

在卷加针的地方挑4针后套起始记号圈，在卷加针的地方再挑4针后织下针。现在袖子总共有60个针目。

持续换编下针，直到从卷加针处算起袖长达 23cm 为止。

袖子减针

织好23cm的袖长以后，反复操作以下的（减针行＋15行下针）3次。

减针行：k2tog（一次织2针下针）、下针至起始记号圈前2针、k2tog（1次织2针下针）

15行下针

接着照以下的行来编织（共4行）。

减针行：k2tog（一次织2针下针）、下针至起始记号圈前2针、k2tog（1次织2针下针）

3行下针

子松紧行袖

用4.5mm针织7行单松紧针（反复1下针、1上针），最后收针结尾。

另一边袖子

另一边的袖子也用同样的方式编织。

领口挑针

使用 4.5mm针在领口的地方挑针。从后颈处（34针）为起点，挑7针跳过1针、挑7针跳过1针、挑7针跳过 1针、挑7针跳过1针、挑2针。接着，在拉格伦线（2针）和袖子（6针）的地方各挑1针。V领的部分请参照右页图挑半针。V领的中心位置必须挑1针。挑好所有的针之后，就套上起始记号圈。

TIP
此处使用的"标示圈"不是套在针上的记号圈,而是回纹针形的标示圈,用来套在V字针目上,以此明显标示出中心位置。

第2行织单松紧针(反复1下针、1上针),但到了V领中心针目处应对齐织下针。请在V领中心针目上套标示圈。

(挑针数可能会因人而异,所以请自行照着规则对齐,并于中心针目上织下针。就算织单松紧针时有错位的情形,但最后部分也请照着规则对齐。)

接下来3行也织单松紧针,但在V领中心位置织中上三并针。

中上三并针(减针)的织法:单松紧针织到中心针的前1针,接着依次将中心针目、前1针以下针方向滑针。下个针目织下针,再移动前2个滑针挂回第3针上。

织好共5行的V领部分,完成后收针。

收尾

使用缝衣针整理剩余的线。在处理袖子腋窝处的洞口时,先把线剪短,再使用缝衣针穿进、穿出地做收合。

拉格伦手织男友毛衣

Boyfriend Raglan Top-down Sweater

Info

尺寸： S（M）L（L尺寸偏大，男生的平均尺寸为S和M）

模特儿试穿尺寸： 男生M、女生M

尺寸表： 胸宽57（60）62cm、袖长（从颈部松紧边算起）67（69）71cm、
总衣长（从后颈松紧边算起）60（63）65cm

织片密度： 10cm × 10cm = 5.5mm环形针·15针 × 26行

针： 5.5mm可换头环形针、4.5mm可换头环形针、43cm连接绳、80cm连接绳
（若是使用固定型环形针，应选长度为80cm的连接绳）

线材： Penguin·304绿色（Green）·50g·7（8）9球；
或是Phil Merinos 6·135932白色（White）·50g·11（13）14球

> 这件是男女都能穿的毛衣，袖子上的纹样为一大特色。不同于不分前后的基本款拉格伦毛衣，这款设计是把前颈部分织成圆形，并补足基本型拉格伦毛衣穿上后背后较短的缺点。

起针

TIP

以平编开始，而非环编，但从第13行开始紧接着织环编。

以5.5mm环形针起54（56）62针的基本针。并请看下方记号圈的划分来起针和套记号圈。

1 / 2 / 10（10）12 / 2 / 24（26）28 / 2 / 10（10）12 / 2 / 1

这里的"/"代表记号圈，是用来划分后续需加针的位置。

基本针上，有2针的拉格伦线、10（10）12针的两侧袖子，24（26）28针则是后颈部的部分。而前颈的部分则会在后面利用卷加针来编织。

起针的过程中套记号圈的样子

前颈之定型part1

TIP

藏好卷加针后，把卷加针当作普通的针目来编织即可。卷加针要织在有针目的针上，而非空针上。此外，不需把织好的卷加针移到其他的针上，也不需单独挑出来织。

第1行（正面）： 全织上针。

第2行（反面）： 1卷加针、下针至记号圈、M1R、翻记号圈、2下针、翻记号圈、M1L、10（10）12下针、M1R、翻记号圈、2下针、翻记号圈、M1L、24（26）28下针、M1R、翻记号圈、2下针、翻记号圈、M1L、10（10）12下针、M1R、翻记号圈、2下针、翻记号圈、M1L、1下针、1卷加针

第3行（正面）： 全织上针。

第4行（反面）： 1卷加针、下针至记号圈、M1R、翻记号圈、2下针、翻记号圈、M1L、12（12）14下针、M1R·翻记号圈、2下针、翻记号圈、M1L、26（28）30下针、M1R、翻记号圈、2下针、翻记号圈、M1L·12（12）14下针、M1R、翻记号圈、2下针、翻记号圈、M1L、3下针、1卷加针

第5行（正面）： 全织上针。

第6行（反面）： 1卷加针、下针至记号圈、M1R、翻记号圈、2下针、翻记号圈、M1L、14（14）16下针、M1R、翻记号圈、2下针、翻记号圈、M1L·28（30）32下针、M1R、翻记号圈、2下针、翻记就圈、M1L、14（14）16下针、M1R·翻记号圈、2下针、翻记号圈、M1L、5下针、1卷加针。

第7行（正面）： 全织上针。

第8行（反面）： 1卷加针、下针至记号圈、M1R、翻记号圈、2下针、翻记号圈、M1L、16（16）18下针、M1R、翻记号圈、2下针、翻记号圈、M1L、30（32）34下针、M1R、翻记号圈、2下针、翻记号圈、M1L、16（16）18下针、M1R、翻记号圈、2下针、翻记号圈、M1L、7下针、1卷加针

第9行（正面）： 全织上针。

总针数为94（96）102针。

在编织反面时，皆以拉格伦线（翻起号圈、2下针、翻记号圈）为基准点，使用M1L和M1R往拉格伦线的两侧加针，而记号圈之间的针目则单纯织下针。在反面开始和结束的地方都需各织一次卷加针。

前颈之定型
part2

TIP
之前都是正反翻来翻去、一行一行地编织，但从第13行开始要把针目集中在左针上，并穿入左针上的第一针，开始编织下针。在环编中起始记号圈就是标示行的基准。

第10行（下编）： 2卷加针、下针至记号圈、M1R、翻记号圈、2下针、翻记号圈、M1L、18（18）20下针、M1R、翻记号圈、2下针、翻记号圈、M1L、32（34）36下针、M1R、翻记号圈、2下针、翻记号圈、M1L、18（18）20下针、M1R、翻记号圈、2下针、翻记号圈、M1L、9下针、2卷加针

第11行（上编）： 全织上针。

第12行（下编）： 2卷加针、下针至记号圈、M1R、翻记号圈、2下针、翻记号圈、M1L、20（20）22下针、M1R、翻记号圈、2下针、翻记号圈、M1L、34（36）38下针、M1R、翻记号圈、2下针、翻记号圈、M1L、20（20）22下针、M1R、翻记号圈、2下针、翻记号圈、M1L、12下针、2卷加针

第13行：不织上针，紧接第12行直接织6（8）10针卷加针，接着以"下针"的方式接续编织环编。从现在起下方图示的记号圈 就是"起始记号圈"。先织15针下针之后，直到回到起始记号圈，一整行都织下针。

总针数为124（128）136针。

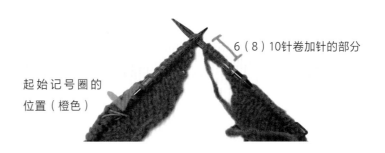

起始记号圈的
位置（橙色）

6（8）10针卷加针的部分

拉格伦加针 part1

TIP

以形成拉格伦线的"翻记号圈、2下针、翻记号圈"为基准，只有两侧分别用M1L和 M1R加针，其余针目全织下针。在加针行上，每个袖子和身体部位都会各加2个针目，共加8个针目。一行加针后，下一行就不需加针，而是单纯织下针。

⋯⋯⋯⋯⋯⋯⋯⋯⋯⋯⋯

不仅袖子，身体部位也会加针到同针数。为了方便算针数，只会写出针数较少的袖子部分。在记号圈中间的2针，之后会变成拉格伦线。
总针数为236（240)248针。

下方照片中标示出的直线就是"拉格伦线"。在记号圈中间的2针，之后会变成拉格伦线。

第14行（加针行）：2下针、翻记号圈、M1L、下针至下个记号圈、M1R、翻记号圈、2下针、翻记号圈、M1L、下针至下个记号圈、M1R、翻记号圈、2下针、翻记号圈、M1L、下针至下个记号圈、M1R、翻记号圈、2下针、翻记号圈、M1L、下针至下个记号圈、M1R

第15行：下针

反复第14～第15行的编织，织到袖子部分的针数（拉格伦线之间的针目）达50（50）52针。最后一行不需加针，而是单纯织下针，织到袖子部分的针数达50（50）52针即可。

拉格伦线

拉格伦加针 part2

TIP

照着拉格伦加针 part1的加针方法来编织，但再加一行的下针。

第42行：2下针、翻记号圈、M1L、下针至下个记号圈、M1R、翻 记号圈、2下针、翻记号圈、M1L、下针至下个记号圈、M1R、翻记号圈、2下针、翻记号圈、M1L、下针至下个记号圈、M1R、翻记号圈、2下针、翻记号圈、M1L下针至下个记号圈、M1R

第43行：下针

第44行：下针

反复编织第42行～第44行5（6）7次。

最后袖子部分的针数会是60（62）66针。

完成加针后的总针数

S：2 / 60 / 2 / 74 / 2 / 60 / 2 / 74 / 共276针

M：2 / 62 / 2 / 78 / 2 / 62 / 2 / 78 / 共288针

L：2 / 66 / 2 / 82 / 2 / 66 / 2 / 82 / 共304针

分袖

TIP

在卷加针之间套的记号圈是为了区分身体前片和后片的中间线而做的标示。

在2针拉格伦线中，1针是袖子，1针是身体部位。以拉格伦线为基准点来区分袖子和身体。

到了分袖行，可以在编织的同时拔除所有记号圈。现在，在卷加针之间套的第一个记号圈就是起始记号圈。因为会从拉格伦线的两侧各拿1针，所以分袖时会多2个针目。

1下针、使用另外的连接绳移动 62（64）68个针目（包含两侧各1目的拉格伦线）、5卷加针、套记号圈（标示身体的中线、起始记号圈）、5卷加针、76（80）84下针、使用另外的连接绳或线移动62（64）68个针目（包含两侧各1目的拉格伦线）、5卷加针、套记号圈（标示身体的中线）、5卷加针、75（79）83下针。

身体 part1

TIP

编织19（21）23cm等于49（54）60行。计算时用行数或cm来算都可以。

现在针上的总针数为172（180）188针。

在172（180）188针上织下针，织到从卷加针算起，总长达19（21）23cm为止。

身体 part2

TIP

简单来说，减针行就是在记号圈两侧的地方一次织2针，每次都减1针，织好减针行后，接着织10行下针，再1行减针行，再织10行下针，如此反复操作。

若想加长衣长，那可以再反复一次，或者再多织几行下针。若想缩短衣长，则在织最后一次10行下针时依喜好减少行数。

织好19（21）23cm后，照着以下步骤来为身体部分减针（也可以不减针，直接织到想要的长度）。

减针行：翻起始记号圈、k2tog（一次织 2针下针）、下针至下个记号圈前2针、k2tog（一次织2针下针）、翻记号圈、k2tog（一次织2针下针）、下针至下个记号圈前2针、k2tog（一次织2针下针）。

10行下针

反复4次（减针行、10行下针）。

身体松紧行

用4.5mm针，织15行单松紧针（反复1下针、1上针），完成后收针结尾。

开始编织袖子，没纹路的基本袖子

把套在另外的线或连接绳上的62（64）68个针目套回5.5mm针上。

在卷加针的地方挑5针后套起始记号圈，在卷加针的地方再挑 5针后，开始持续织下针，直到回到起始记号圈为止。现在袖子 总共有72（74）78个针目。

袖子减针

减针行：k2tog（一次织2针下针）、下针至起始记号圈前2针）、k2tog（一次织2针下针）

反复8次（减针行、3行下针）

反复10次（减针行、6行下针）

再织5（8）10行下针

袖子松紧行

TIP

收针时不要收太紧，穿脱时会比较方便。

用4.5mm针，织17行单松紧针（反复1下针、1上针），完成后收针结尾。

**另一边袖子
加入纹路**

另一边袖子的减针规则也是一样的。

袖子纹路要反复4次（4行上针、2行下针）的操作。加入纹路和减针，两者要同时进行。

开头的做法和前面袖子是一样的。

把移动到另外的线或连接绳上的62（64）68个针目，套回5.5mm针上。

在卷加针的地方挑5针后套起始记号圈，在卷加针的地方再挑5针后开始织下针，直到回到起始记号圈为止。现在袖子总共有72（74）78个针目。

从下一行开始要织上针，由于要按照前面袖子的规则减针，所以在织上针时，也同样用p2tog一次织2针上针的方式来减针。

所有步骤如下。用绿色标示的上针部分就是纹路的地方。

袖子纹路减针：

第1行： p2tog（一次织2针上针）、上针至起始记号圈前2针、p2tog（一次织2针上针）

第2行： 上针

第3行： 上针

第4行： 上针

第5行： p2tog（一次织2针下针）、下针至起始记号圈前2针、p2tog（一次织2针下针）

第6行： 下针

第7行： 上针

第8行： 上针

第9行： p2tog（一次织2针上针）、上针至起始记号圈前2针、p2tog（一次织2针上针）

第10行： 上针

第11行： 下针

第12行： 下针

第13行： p2tog（一次织2针上针）、上针至起始记号圈前2针、p2tog（一次织2针上针）

第14行： 上针

第15行： 上针

第16行： 上针

第17行： p2tog（一次织2针下针）、下针至起始记号圈前2针、p2tog（一次织2针下针）

第18行： 下针

第19行： 上针

第20行： 上针

第21行： p2tog（一次织2针上针）、上针至起始记号圈前2针、p2tog（一次织2针上针）

第22行： 上针

第23行： 下针

第24行： 下针

完成袖子上的纹路

现在再反复2次（减针行、3行下针）。

接下来和另一边袖子一样要反复10次（减针行、6行下针）。

接下来再织5（8）10行下针。

袖子松紧行

用4.5mm针，织17行单松紧针（反复1下针、1上针），完成后收针结尾。

领口挑针

使用4.5mm环形针在领口的地方挑76（80）88针。前颈、后颈各 挑24（26）28针，拉格伦线各挑2针，袖子各挑10（10）12针。挑针后织7行单松紧针，然后收针。一定要用缝衣针织单松紧针收缝，这样头部才能套得过去。

领口挑针时，就像如图标示的拉格伦线间，前颈位置一样，只要跟着行的线依序挑针即可。

收尾

使用缝衣针整理剩余的线。分袖部分的洞口则用稍短的线，用缝衣针穿进、穿出地做缝合。

渐变色驼毛条纹毛衣

Alpaca Stripe Sweater

Info

尺寸：均码

胸围：98cm

衣长：51cm（从颈部松紧编下方算起的长度）

织片密度：10cm × 10cm = 4mm环形针 · 平针纹 · 20.5针 × 28行

针：4.5mm可换头环形针、4mm可换头环形针、43cm连接绳、80cm连接绳

线材：King Cole Natural Alpaca · 50g · 沙色（Sand）（1球）、焦糖色（Caramel）（1球）、太妃糖色（Toffee）（1球）、巧克力色（Chocolate）（1球）、乳白色（Cream）（1球）、铂灰色（Platinum）（1球）、石板灰色（Slate）（1球）、木炭色（Charcoal）（2球），共9球

这是一件带有自然渐变条纹的圆育克毛衣，其中保留天然驼毛、未经染色的毛色。以基本圆育克版型为基础，再用颜色搭配作点缀，让简单的款式变得更有亮点。

沙色（Sand）
焦糖色
太妃糖色
巧克力色
乳白色
铂灰色
石板灰色
木炭灰色

　　颜色的顺序为沙色（Sand）1球、焦糖色（Caramel）1球、太妃糖色（Toffee）1球、巧克力色（Chocolate）球、乳白色（Cream）。球、铂灰色（Platinum）1球、石板灰色（Slate）1球、木炭色（Charcoal）2球。

　　从巧克力色（Chocolate）开始，可以将一球的线材分成30g（身体）、10g（袖子）、10g（袖子），这样在编织时会比较方便。

　　沙色（Sand）和焦糖色（Caramel）线不需要做分配。

颈部

起好针后，右手抓着有余线的针，在左针（起的第一针）上织下针，开始编织环编。起始记号圈的位置时，就代表完成了一行／圈编织。不需拔除记号圈，翻记号圈后继续续织即可。

4mm环形针接上43cm连接绳后，环状起针，起76针。

套记号圈、织8cm长的单松紧针（反复1下针、1上针）。

换成4.5mm的针，织一行下针。

肩膀加针part1

TIP
欲换不同色线来操作时，要像把两条线连起来一样系在一起，或者从旧线结束的卜一针开始，挑针换上新线，并且编织完整的一行，当回到新线后开始织的针目时，在针目下方会挂着V字纹之两只脚，将其中的右脚拉出来，套到左针上并一次织2针。

现在要开始操作肩膀加针。织完一个颜色（1球毛线），就换下一个颜色的线。换线的时机点可以依照喜好调整。

接下来整行反复操作〔2下针、M1L〕

现在针上有114个针目。请确认针数是否正确。

持续编织下针，直到从颈部松紧段下方算起，总长达5.5cm。

肩膀加针part2

接下来整行反复操作〔2下针、M1L〕

现在针上有171个针目。请确认针数是否正确。

持续编织下针，直到从颈部松紧段下方算起，总长度达11cm。

肩膀加针part3

接下来整行反复操作〔3下针、M1L〕

现在针上有228个针目。请确认针数是否正确。

可更换成80cm连接绳。

持续编织下针，直到从头部松紧段下方算起，总长达16.5cm。

肩膀加针part4

接下来整行反复操作〔4下针、M1L〕

现在针上有285针。请确认针数是否正确。

持续编织下针，直到从头部松紧段下方算起，总长达22cm。

圆育克的部分到这里结束。

分袖

分袖时，需另准备连接绳和针套，或是零碎的线和毛线针。将袖子的针目移到连接绳或是零碎的在线上后会暂休针，先织完身体的部分。现在要进行的是移动袖子针目以及分袖。

开始分袖。先移动58针到线上后暂休针（袖子部分），织12针卷加针。完成卷加针后，织85针下针（身体部分）。再次移动58针到在线上后暂休针（袖子部分），织12针卷加针。完成卷加针后，织84针下针（身体部分）。

现在回到起始记号圈的位置了。现在针上的总针数为193针。请确认针数是否正确。

编织身体

编织下针，太妃糖色（Toffee）织5行、巧克力色（Chocolate）织16行、乳白色（Cream）织16行、铂灰色（Platinum）织16行、石板灰色（Slate）织16行。每个颜色都织好之后，剩余的线先保留，会在之后织袖子时使用。

TIP
身体松紧行就以起始记号圈为起点。

织片密度的行数可能不尽相同，若是无法计算织片密度，建议把1球线材分成身体40g，袖子10g，袖子10g后再编织。

现在要开始编织衣服下摆的松紧行。原本身体部位的针数是奇数。开始织单松紧针之前，要用"k2tog（一次织2针下针）"的方式减1针，让针数变成偶数，再接着织单松紧针。换成4mm针、使用木炭色（Charcoal）线，织6cm长的单松紧针（反复1下针、1上针）。织好后收针结尾。

编织袖子

取好线后，在身体部位之前织好的12针卷加针上挑12针。接着，把前面休针的58个针目套回针上并开始织下针。

织好下针后，套记号圈来标示袖子行的起始位置。现在针上有70个针目。

TIP
编织时，比起一一计算行数，建议把欲编织袖子的线分成两等分，这样只需把线统统织完即可。若是以行数编织，两边的余线长度可能会不一致。

编织下针时需一边更换色线，太妃糖色（Toffee）织6行、巧克力色（Chocolate）织16行、乳白色（Cream）织16行、铂灰色（Platinum）织16行、石板灰色（Slate）织16行、木炭色（Charcoal）织27行。

袖子减针、松紧行

把袖子织到需要的长度后，为了做出袖子的蓬松感，在织松紧行之前要先把针数减半。这里的针数变少了，所以可以使用短环形针、双头棒针，或者用长环形针搭配魔法圈技法来编织。

在开始编织松紧行前，要先把针数减半。持续操作k2tog（一次织2针下针），直到剩下最后2针。

然后更换成4mm针，织4cm长的单松紧针（反复1下针、1上针），完成后收针。袖子略松，手臂的地方才不会太紧。用缝衣针织单松紧针收缝技法来收尾，更具有舒适的弹性。

另一边的袖子也用同样的方式编织。

收尾

使用缝衣针整理剩余的线，腋窝处的洞口则用穿好线的缝衣针收合。领口部分要折起来，从内侧做锁边。

厚编织纹开襟衫

Phil Express Cardigan

Info

尺寸：均码

胸围：110cm

衣长：50cm

织片密度：10cm × 10cm = 12mm环形针 · 起伏针 · 7针 × 14行

针：12mm可换头环形针、43cm连接绳、120cm连接绳

线材：Phil Express · 113409铜青色（Steel Blue）· 200g · 7球

起伏针：①环编时：1行下针1行上针交替织；②平编针：正反面全织下针

这是一件用粗线快速编织而成的拉格伦式开襟衫，整体宽松而舒适。起伏针的纹路具有独特的编织感，衣服边缘则使用i-cord边缘收针法做出利落的侧线。

由于是用粗线和粗针来编织，所以针目数量不多。开始编织前可以先用细线和细针来练习，透过缩小版的完成品，先对编织方式有更全面的了解。

起针

TIP
织平针时，一行完成后要翻面、换手拿两边的针，并像织围巾一样操作。

在这件衣服的编织过程中，若写"依下针方向滑针"，请参考右图1-1的方向，把针从针目后方穿过去后，不织针目直接移到另一支针上；若写"依上针方向滑针"，请参考右图3的方向，把针从针目前方穿过去后，不织针目直接移到另一支针上。

开襟衫织平编，不织环编。12mm环形针接上120cm连接绳后起36针的基本针。

第1行：依下针方向滑1针、7下针（前片）、套记号圈、4下针（袖子）、套记号圈、12下针（后片）、套记号圈、4下针（袖子）、套记号圈、6下针、依上针方向滑1针、1上针（前片）

　　开襟衫的两侧尾端要依照下方步骤，编织"i-cord边缘收针法"。

依下针方向穿入滑针。

剩下2个针目时，把线拉到靠近自己的内侧。

接着，第1针不织，把针穿入第2针，依上针方向滑针。

121

最后把线拉到靠近身体的内侧之后，织1针上针，即完成i-cord边缘收针。

肩膀加针

第2行：依下针方向织1针滑针，下针至剩2针，依上针方向织1针滑针，织1针上针。

第3行（加针行）：依下针方向织1针滑针，下针至记号圈的前1针，kfb，翻记号圈，kfb，下针至记号圈的前1针、kfb、翻记号圈、kfb、下针至记号圈的前1针、kfb、翻记号圈、kfb、下针至记号圈的前1针，kfb，翻记号圈、kfb、下针至剩2针，依上针方向织1针滑针，织1针上针。

第4行：依下针方向织1针滑针，下针至剩2针，依上针方向织1针滑针，织1针上针。

第5行：依下针方向织1针滑针，下针至剩2针，依上针方向织针滑针，织针上针。

第6行（加针行）：依下针方向织1针滑针，下针至记号圈的前1针，kfb、翻记号圈、kfb、下针至记号圈的前1针、kfb、翻记号圈、kfb、下针至记号圈的前1针、kfb、翻记号圈、kfb、下针至记号圈的前1针、kfb、翻记号圈、kfb、下针至剩2针、依上针方向织1针滑针、织1针上针。

请反复操作第4行～第6行，直到两个前片针数各为18针、袖子针数各为24针、后片针数为32针。

现在有18 / 24 / 32/ 24 / 18个针目，总针数为116针。

接下来不加针织5行下针。这里也适用同样的规则，第1针要依下针方向滑针，然后持续织下针，而在剩2针时要依上针方向滑针后织上针。

分袖

分袖时，需另准备连接绳和针套，或是零碎的线和毛线针。将袖子的针目移到连接绳或是零碎的在线上后会暂休针，先织完身体的部分。现在要进行的是移动袖子针目以及分袖，可以拔除所有的记号圈。

开始分袖。第1针依下针方向滑针、织下针至记号圈。拔除记号圈，移动到下个记号圈之前的针目到连接绳暂休针（24针，袖子部分），再拔除记号圈，织4针卷加针。之后，织下针（32针）至下个记号圈（后片部分）。再次拔除记号圈，移动到下个记号圈之前的针目到连接绳暂休针（24针，袖子部分），再拔除记号圈，织4针卷加针。之后，织下针至剩2针，再来依上针方向织1针滑针，并织1针上针。

现在针上的总针数为76针。请确认针数是否正确。挂在针上的针目会变成身体部分。

编织身体

持续平编下针，直到从卷加针的部分算起，总长达28cm为止，最后收针结尾。这里也使用i-cord边缘收针法，第1针要依下针方向滑针，而在剩2针时要依上针方向滑针后织上针。

可以一边试穿，一边织到所需长度。

编织袖子

TIP
袖子用环编来织。

回到前面休针的24个针目，套回接在43cm连接绳的12mm针上，在4针卷加针上挑4针，之后套上记号圈。请参考右页图，将挂在针上的针目编织下针或上针。回到起始记号圈前的卷加针部分时，若前面是织下针就织下针，若前面是织上针就织上针。

必须看清楚挂在针下方的针目，再判断是该织下针还是上针。这两者有细微的差异，请务必仔细观察之后再编织。

需织下针的情况

　　若挂在左针上的针目正下方呈紧贴着的一字形，那么直到回到起始记号圈为止，都要织下针。接着下一行全织上针，再下一行全织下针，如此交替编织。

　　观察针目形状时务必拉下来看仔细。以针目正下方紧贴着一字形的状况来说，拉下来看时，一字形的部分会更贴向针，那下面还会有很明显的 V 字。

需织上针的情况

　　若挂在左针上的针目正下方可看到 V 字形，那么直到回到起始记号圈为止，都要织上针。接着下一行全织下针，再下一行全织上针，如此交替着编织。

把针目下方部分拉下来仔细看时，会看到一字形上方有个像藏起来的V字一样的小缝隙。可能会跟一字形的部分贴向针的状况搞混，但只 要不是一字形确实地紧贴的第一种状况，那就算是第二种情况。

假如织到相反的织法，纹路从下一行开始就会立刻变形。请务必参考图来织出正确的纹路。

为什么纹路不同呢？

起伏针的前后呈现同样的纹路，跟平针是不同的，所以要在哪个面上编织会因人而异。因此，要好好观察纹路的构造，也要好好了解保持同样纹路的方法。环编和平编的纹路，两者构造不同。在织平编时，只要织下针就能织出起伏纹路（水波纹路），不过在环编里，得要织一行下针、一行上针，如此交替编织，才能织出起伏纹路。请以起始记号圈为基准点，一行一行地交替编织。

袖子部分继续一行下针、一行上针地交替编织，并织环编，直到 从手臂下方（卷加针的部分）算起，总长度达28cm，最后再收针结尾。

另一边的袖子也用同样的方式编织。

收尾

整理剩余的线，腋窝处的洞口则用穿好的缝衣针收合。

舒适马海毛开襟衫

———
Mohair Cardigan

尺寸：均码

胸围：120cm

衣长：55cm

织片密度：10cm × 10cm = 8mm环形针·平针·13针 × 17行

针：6mm可换头环形针、8mm可换头环形针、43cm连接绳、80cm连接绳

线材：Lobby Kid Mohair·25g·296灰色（Gray）6球、999蓝色（Blue）2球（配色1）、865海蓝色（Blue Aqua）2球（配色2）

Info

这是一件先只织后片，再挑针织前片，并以筒状编织完成的开襟衫。原本是分开编织再接起来，但这里换成了用 Top-down技巧，还可以称为"直线Top-down编织法"。此针织衫可展现马海毛特色，并带有轻盈的编织感，实际重量也轻，非常适合在换季的时候穿。

预览完整制作过程

*此为简化的图示以供参考。

1 先织后片

2 挑起后片上的针目，编织两侧的前片。

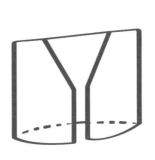

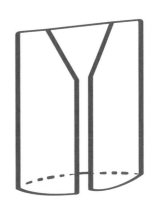

3、4 编织好前片之后，对齐后片长度，接着接上所有后片针目，一口气用平编往下编织，织到开襟衫的长度。

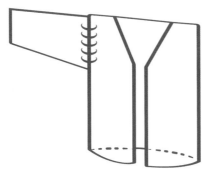

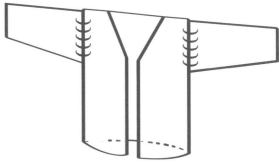

5 袖子则在侧边挑针，用环编的方式编织。

6 完成。

身体后片

TIP
不织环编，织平编。

全部都要用3股的灰色线材来编织。可以把其中的3球线，一股一股抽出来使用；或者是在1球线的正、反两面上抽线，做成2股的线，另1球线则只需抽1股出来，如此合成3股来使用。

8mm环形针接上80cm连接绳后，取3股线，起70针。

起针后，反复（1行上针、1行下针）的操作，织到31行。织完，预留10cm长度的线后剪掉，到这里先暂休针。（可以用针套套起来，或者另外把针目移至连接绳、线之类的地方。）

身体前片

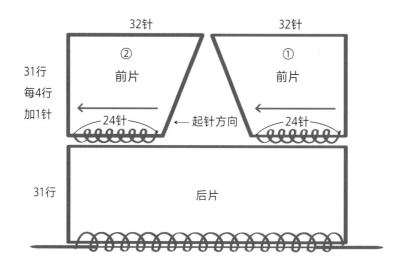

为了看清楚后片V字纹的部分，摆放时将起针部分朝上。

像图①一样，从右侧边缘开始挑24针。

第1行： 上针（24针）

第2行： 下针至剩2针、M1L、2下针（25针）

第3行： 上针（25针）

第4行： 下针（25针）

第5行： 上针（25针）

第6行： 下针至剩2针、M1L、2下针（26针）

第7行： 上针（26针）

第8行： 下针（26针）

第9行： 上针（26针）

第10行：下针至剩2针、M1L、2下针（27针）

持续反复第7行～第10行的操作

．
．
．

第27行：上针（31针）

第28行：下针（31针）

第29行：上针（31针）

第30行：下针至剩2针、M1L、2下针（32针）

第31行：上针（32针）

织完，预留10cm长度的线后剪掉，跟后片一样到这里暂休针。（可以用针套套起来，或者另外把针针移至连接绳、线之类的地方。也可以跟后片的针目套在一起。）

这次就像图②一样，从左边算出24个针目，由内往外挑24针。

第1行：上针（24针）

第2行：2下针、M1R、其余全下针（25针）

第3行：上针（25针）

第4行：下针（25针）

第5行：上针（25针）

第6行：2下针、M1R、其余全下针（26针）

第7行：上针（26针）

第8行：下针（26针）

第9行：上针（26针）

第10行：2下针、M1R、其余全下针（27针）

持续反复第7行～第10行的操作

．
．
．

第27行：上针（31针）

第28行：下针（31针）

第29行：上针（31针）

第30行：2下针、M1R、其余全下针（32针）

第31行：上针（32针）

织完，不需剪线。

现在前片的部分都结束了。请务必依前片②、后片、前片①的顺序，把针目统统套在同一个针上合进，并让每一片纹路都朝同一面保持纤织物的平整。（将这3个部分统统套在针上后铺平，一面的针目是全呈V字纹的正面，而另一面则是有起伏、凹凸不平的反面，若整片都相同就表示已经按同方向套好了。）

从以上针结束的前片②开始编织。编织时，不织环编，而是织平针，以正反翻面来接续操作。

TIP

请忽略后片预留的线，和①部分剪下来的线，直接编织下去即可。之后再一并处理。

第32行：前片②全织下针、4针卷加针、后片全下针、4针卷加针、前片①全织下针（142针）

第33行：上针

第34行：2针下针、M1R、下针至剩2针、M1L、2下针（144针）

第35行：上针

第36行：下针

第37行：上针

第38行：2针下针、M1R、下针至剩2针、M1L、2针下针（146针）

第39行：上针

第40行：下针

第41行：上针

第42行：2针下针、M1R、下针至剩2针、M1L、2下针（148针）

第43行：上针

前半部加针的部分结束。

现在要织10行平针（反复1行下针、1行上针），接着进入配色阶行。配色过程中，要从新的一行开始编织新线时，旧线留10cm左右的长度再剪掉，接着直接用配色的新线来编织。

配色1：5行

配色2：10行

配色1：5行

（可以按照自己想要的配色来编织。）

完成后，再拿原本颜色的线来织15行。

然后更换成6mm针，织10行单松紧针（反复1下针、1上针），最后收针结尾。

编织袖子

8mm针在卷加针的地方挑4针。现在起，在袖子部分要先操作行挑针后再编织。沿着行（一行挑4针、跳过一行，一行挑4针、跳过一行），如此反复操作。边缘会不合是正确的，直接跳过后在剩下该挑针的行上继续挑针即可。有人会挑54针，有人则挑55针，差一两个针目也没关系，不需过于担心。

完成行挑针后，套上起始记号圈后即开始编织袖子。袖子的部分，起针时用的是环编，所以只要全织下针即可。

主色：21行

配色1：15行

配色2：210行

配色1：15行

换成6mm针，k2tog（一次织2针下针）直到此行结束为止。

接着织14行单松紧针（反复1下针、1上针），最后松松地在结尾收针。若是发生不符合单松紧针规则的情形，可以从松紧针的第一行开始，每行的最后2针都一次织2下针，或者是只在边缘的地方织2针上针。

另一边的袖子也用同样的方式编织。

收尾

整理剩余的线，腋窝处的洞口则用穿好线的缝衣针收合。

简约鞍肩手织毛衣

Majestic Saddle Shoulder Top-down Sweater

Info

尺寸：S（M）L

模特试穿尺寸：M

尺寸表：胸围97（104）112cm，袖长（从颈部松紧编算起）79cm，总衣长（从后颈松紧编算起）72cm

织片密度：10cm × 10cm = 4mm环形针 · 21针 × 28行

针：4mm可换头环形针，3.5mm可换头环形针，43cm连接绳，80cm连接绳（若是使用固定性环形针，应选长度为80cm的连接绳。）

线材：Majestic · 2669木炭色（Charcoal）· 50g · 9（10）11球

因肩膀形状像是一个马鞍（Saddle），故又被称为鞍形肩。这种版型能够衬托男性刚直的身形，是很受大家喜欢的男款毛衣。这个构造很有趣，因为会另外划分鞍形的部分，清楚区分出肩膀和袖子加针的位置，所以可以在加针的过程中逐渐看到线的生成。

肩膀加针part1

一开始一边编织，一边在肩膀部分做加针。

M1L（上针）做法参考第34页，M1R（上针）做法参考第35页。

4mm环形针接上80cm连接绳后，起74（76）84针。一开始不织环编，而是织平编，织好颈部后，才会接着织环编。

第1行（正面）：1上针（前片）、套记号圈、18（18）20上针（袖子）、套记号圈、36（38）42上针（后片）、套记号圈、18（18）20上针（袖子）、套记号圈、1上针

第2行（反面）：1卷加针、下针至记号圈、M1R、翻记号圈、18（18）20下针（袖子）、翻记号圈、M1L、下针至记号圈、M1R、翻记号圈、18（18）20下针（袖子）、翻记号圈、M1L、其余针目全下针、1卷加针

第3行（正面）：上针至记号圈、M1R（上针）、翻记号圈、18（18）20上针（袖子）、翻记号圈、M1L（上针）、上针至记号圈、M1R（上针）、翻记号圈、18（18）20上针（袖子）、翻记号圈、M1L（上针）、其余针目全上针。

反复8次第2行～第3行编织，直到前片针数达25（25）25针、后片针数达68（70）74针。

S：25 / 18 / 68 / 18 / 25

M：25 / 18 / 70 / 18 / 25

L：25 / 20 / 74 / 20 / 25

目前为止各部分的针数。

反面和正面撇除所有袖子的部分，只在肩膀部分，也就是前片和后片的记号圈分界上，用M1L / M1R的方式来加针。为织出前颈部分，只在下编用卷加针的方式往两侧各加1针。织好卷

加针后，只要把它们想成一般针目即可，不必移动它们到另一个针上或滑针，而是和一般针目一样来编织即可。

肩膀加针part2
（尺寸S，M）

TIP
第22行同第18行和第20行编织，最后再"追加"编织；尺寸S织6针卷加针，尺寸M织8针卷加针。

第18行（下编）：2卷加针、下针至记号圈、M1R、翻记号圈、18下针（袖子）、翻记号圈、M1L、下针至记号圈、M1R、翻记号圈、18下针（袖子）、翻记号圈、M1L、其余针目全下针、2卷加针。

第19行（上编）：上针至记号圈、M1R（上针）、翻记号圈、18上针（袖子）、翻记号圈、M1L（上针）、上针至记号圈、M1R（上针）、翻记号圈、18上针（袖子）、翻记号圈、M1L（上针）、其余针目全上针。

第20行（下编）：2卷加针、下针至记号圈、M1R、翻记号圈、18下针（袖子）、翻记号圈、M1L、下针至记号圈、M1R、翻记号圈、18下针（袖子）、翻记号圈、M1L、其余针目全下针、2卷加针。

第21行（上编）：上针至记号圈、M1R（上针）、翻记号圈、18上针（袖子）、翻记号圈、M1L（上针）、上针至记号圈、M1R（上针）、翻记号圈、18上针（袖子）、翻记号圈、M1L（上针）、其余针目全上针。

第22行（下编）：2卷加针、下针至记号圈、M1R、翻记号圈、18下针（袖子）、翻记号圈、M1L下针至记号圈、M1R、翻记号圈、18下针（袖子）、翻记号圈、M1L、其余针目全下针、2卷加针、6（尺寸S）/8（尺寸M）卷加针（为接到前片的中间针目）。

现在套上起始记号圈，接续以环编来编织。用右手拿织好卷加针的针，把左针针目集中起来，用右针穿入左针上的第1目并织下针，如此开始织环编。接下来只在肩膀部分做加针，尺寸S反复3次加针行，尺寸M反复5次加针行。

加针行：翻起始记号圈、下针至记号圈、M1R、翻记号圈、18下针（袖子）、翻记号圈、M1L、下针至记号圈、M1R、翻记号圈、18下针（袖子）、翻记号圈、M1L下针至起始记号圈。

加针行S织3行、M织5行，织完后的针数如下。

S：84 / 18 / 84 / 18（起始记号圈在前片的84针里）

M：90 / 18 / 90 / 18（起始记号圈在前片的90针里）

肩膀加针part3（尺寸L）

第18行（下编）：2卷加针、下针至记号圈、M1R、翻记号圈、20下针（袖子）、翻记号圈、M1L下针至记号圈、M1R、翻记号圈、20下针（袖子）、翻记号圈、M1L、其余针目全下针、2卷加针。

第19行（上编）：上针至记号圈、M1R（上针）、翻记号圈、20上针（袖子）、翻记号圈、M1L（上针）、上针至记号圈、M1R（上针）、翻记号圈、20上针（袖子）、翻记号圈、M1L（上针）、其余针目全上针。

第20行（下编）：2卷加针、下针至记号圈、M1R、翻记号圈、20下针（袖子）、翻记号圈、M1L、下针至记号圈、M1R、翻记号圈、20下针（袖子）、翻记号圈、M1L、其余针目全下针、2卷加针。

第21行（上编）：上针至记号圈、M1R（上针）、翻记号圈、20上针（袖子）、翻记号圈、M1L（上针）、上针至记号圈、M1R（上针）、翻记号圈、20上针（袖子）、翻记号圈、M1L（上针）、其余针目全上针。

第22行（下编）：2卷加针、下针至记号圈、M1R、翻记号圈、20下针（袖子）、翻记号圈、M1L、下针至记号圈、M1R、翻记号圈、20下针（袖子）、翻记号圈、M1L其余针目全下针、2卷加针。

第23行（上编）：上针至记号圈、M1R（上针）、翻记号圈、20上针（袖子）、翻记号圈、M1L（上针）、上针至记号圈、M1R（上针）、翻记号圈、20上针（袖子）、翻记号圈、M1L（上针）、其余针目全上针。

第24行（下编）：2卷加针、下针至记号圈、M1R、翻记号圈、20下针（袖子）、翻记号圈、M1L、下针至记号圈、M1R、翻记号圈、20下针（袖子）、翻记号圈、M1L、其余针目全下针、2卷加针、8 卷加针（为接到前片的中间针目）。

现在套上起始记号圈，接续以环编来编织。用右手拿织好卷加针的针，把左针针目集中起来，用右针穿入左针上的第1针并织下针，如此开始织环编。接下来只在肩膀部分做加针，尺寸L反复3次下面2行。

加针行：翻起始记号圈、下针至记号圈、M1R、翻记号圈、20下针（袖子）、翻记号圈、M1L、下针至记号圈、M1R、翻记号圈、20下针（袖子）、翻记号圈、M1L、下针至起始记号圈。

下一行：下针。

反复3次（一行加针，一行不加针）之后，各部分的针数分配如下。

L：94 / 20 / 94 / 20（起始记号圈在前片的94针里）

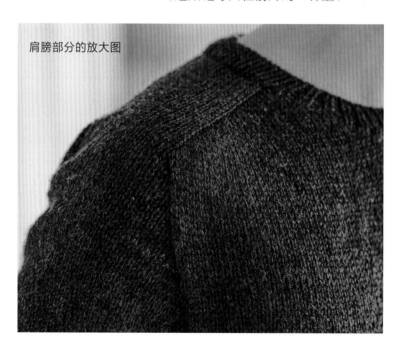

肩膀部分的放大图

袖子加针

接下来再维持18（18）20针的袖子部分上做加针。

加针行：翻起始记号圈、下针至记号圈、翻记号圈、M1L、下针至记号圈、M1R、翻记号圈、下针至记号圈、翻记号圈、M1L、下针至记号圈、M1R、翻记号圈、下针至起始记号圈。

下一行：下针

反复上述2行的操作，直到袖子针数达52（52）54针为止。最后会以不加针、全织下针的行来结束。

现在针上的总针数。

S：84 / 52 / 84 / 52 / 共272针

M：90 / 52 / 90 / 52 / 共284针

L：94 / 54 / 94 / 54 / 共296针

拉格伦加针

现在，要在所有袖子和身体部分上的记号圈的两侧加针。

加针行：翻起始记号圈、下针至记号圈前1针、M1R、1下针、翻记号圈、M1L、下针至记号圈、M1R、翻记号圈、1下针、M1L下针至记号圈前1针、M1R、1下针、翻记号圈、M1L下针至记号圈、M1R、翻记号圈、1下针、M1L、下针至起始记号圈。

下一行：下针。

反复4（5）6次上述2行操作。

现在前、后片有92（100）106个针目，袖子有60（62）66针。

分袖

TIP
在卷加针之间套的记号圈是为了区分身体前片和后片的中间线而做的标示。

到了分袖阶行，可以在编织的同时拔除所有记号圈。现在，在卷加针之间套的第一个记号圈就是起始记号圈。

（现在开始一边拔除所有记号圈）从起始记号圈织下针至下一个记号圈、使用另外的线和毛线针或连接绳移动60（62）66针、织5（5）6针卷加针、套记号圈（标示身体的中线、起始记号圈）、织5（5）6针卷加针、92（100）106针下针、使用另外的线和毛线针或连接绳移动60（62）66针、织5（5）6针卷加针、套记号圈（标示身体的中线）、织5（5）6针卷加针、下针至起始记号圈。

现在针上的总针数为204（220）236针。

编织身体

持续环编下针，直到从卷加针部分到整个身体，总长达38cm。

若想要调整衣长，可以在这部分加减几行。

身体松紧行

换成3.5mm针，反复操作15（18）18下针、k2tog（一次织2针下针）、12（11）12次。

直到此行结束为止。（尺寸L会不合规则，织完16针下针就结束，但不影响整体形状。）接着，织6cm长的单松紧针（反复1下针、1上针），最后收针结尾。

编织袖子

把套在另外的线或连接绳上的60（62）66针套回4mm针上。

在卷加针的地方挑5（5）6针后套起始记号圈，在另一个卷加针的地方挑5（5）6针后开始持续环编下针，直到回到起始记号圈。现在袖子总共有70（72）78个针目。

TIP
关于袖子的长度，可以在织第6次20行下针时调整长短。

织袖子时，要缓慢且一点一点地减针。

反复6次（20行下针、1行减针行）的编织。

减针行：翻起始记号圈、k2tog（一次织2针下针）、下针至剩2针、k2tog（一次织2针下针）。

反复6次之后，再换成3.5mm针，织1行下针。

袖子松紧行

用3.5mm针织17行单松紧针（反复1下针、1上针）后，收针结尾。

TIP
收针时稍微松垮一些，这样穿脱会比较方便。

领口挑针

使用3.5mm针在领口的地方挑108（112）124针。这当中沿着前颈、后颈的部分各挑36（38）42针、两边袖子的部分各挑18（18）20针。

织9行单松紧针（反复1下针、1上针）后收针。务必用缝衣针织单松紧针收缝，这样头才能套进衣服里。

在领口挑针时，如上图标示，照着行的线条来挑针。

收尾

使用缝衣针整理剩余地线。在处理分袖部分的洞口时，先把线剪短后，使用缝衣针穿进、穿出地做收合。

蓬袖手织渔夫毛衣

Phil Light Fisherman Top-down Sweater

尺寸：XS（S）M（L）XL

模特试穿尺寸：L

胸围：96（98）100（102）110cm

衣长：44（44）44（46）48cm（从后颈松紧编上方算起的长度）

织片密度：10cm × 10cm = 6mm环形针 · 英式罗纹针 · 11针 × 13行

针：6mm可换头环形针、5mm可换头环形针、43cm连接绳、80cm连接绳

线材：Phil Light · 209900维洛尼塞线（Veronese）· 50g · 6（6）6（6）8球，用两股来编织

Info

这件具有独特纹路的毛衣是使用英式罗纹针法编织而成。就像是将鞍形肩和拉格伦加针法合并般编织肩膀的加针。英式罗纹的上、下行纹路是不一样的，加针方式也跟以往的不同，所以刚开始编织时可能会很不熟练，但只要掌握整体Top-down的构造，就没那么难。此件毛衣的特色为具有独特的厚实编织感。

颈部起始行

整件皆使用两股的Phil Light毛线来编织。建议先将线材较表面的部分解开，分别从两球线材上抓出一股后编织。

使用6mm环形针接上43cm连接绳后，环状起针，起68（72）72（76）76针。在起针的同时，请看着下方的针目分类来套记号圈。

起5针（拉格伦）、套1号记号圈、起7针（袖子）、套2号记号圈、起5针（拉格伦）、套3号记号圈、起17（19）19（21）21针（前片）、套4号记号圈、起5针（拉格伦）、套5号记号圈、起7针（袖子）、套6号记号圈、起5针（拉格伦）、套7号记号圈、起17（19）19（21）21针（后片）、套8号记号圈。

第一行：反复（1上针，1下针）

下一行：反复（1上针、k1b）

（k1b：从下针针目下方V字中间的洞穿入后织下针，参考影片0：37—1：43）

下一行：反复（p1b、1下针）

（p1b：从上针针目下方两条线中间的洞穿入后织上针，参考影片2：05—3：23）

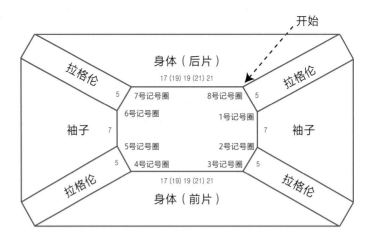

開始

身体（后片）

17 (19) 19 (21) 21

拉格伦 | 拉格伦

5 | 5

7号记号圈 | 8号记号圈

6号记号圈 | 1号记号圈

袖子 | 袖子

7 | 7

5号记号圈 | 2号记号圈

5 | 5

4号记号圈 | 3号记号圈

拉格伦 | 拉格伦

17 (19) 19 (21) 21

身体（前片）

颈部加针

TIP

颈部的加针只在前片和后片两侧最外边的针目上做加针。

英式罗纹加针操作英式罗纹加针时，织一次就会出现3针，也就是增加2针的意思。把针从针目下方V字中间穿入后，就像织下针一样操作，然后将线逆时针绕一圈在针上，再把针穿进刚刚穿入的洞里，然后织下针，把线一起带出来。这时针上共有3个针目。

完成颈部起始行之后，反复5（5）5（5）6次下方2行的编织。

加针行（k1b行）： 反复（1上针、k1b）至3号记号圈的前1针、1上针、翻3号记号圈、英式罗纹加针、反复（1上针、k1b）至4号记号圈的前2针、1上针、英式罗纹加针、翻4号记号圈、反复（1上针、k1b）至7号记号圈的前1针、1上针、翻7号记号圈、英式罗纹加针、反复（1上针、k1b）至8号记号圈的前2针、1上针、英式罗纹加针。

下一行（p1b行）： 反复（p1b、1下针）（因加针而形成的3针，用基本下针、上针、下针来编织）。

完成编织后的总针数：

XS： 5 / 7 / 5 / 37 / 5 / 7 / 5 / 37 / 共108针

S： 5 / 7 / 5 / 39 / 5 / 7 / 5 / 39 / 共112针

M： 5 / 7 / 5 / 39 / 5 / 7 / 5 / 39 / 共112针

L： 5 / 7 / 5 / 41 / 5 / 7 / 5 / 41 / 共116针

XL： 5 / 7 / 5 / 45 / 5 / 7 / 5 / 45 / 共124针

接着的下一行（在袖子前片后片部分分别做加针）： 反复（1上针、k1b）至1号记号圈的前1针、1上针、翻1号记号圈、英式罗纹加针、反复（1上针、k1b）至2号记号圈的前

2针、1上针、英式罗纹加针、翻2号记号圈、反复（1上针、k1b）至3号记号圈的前1针、1上针、翻3号记号圈、英式罗纹加针、反复（1上针、k1b）至4号记号圈的前2针、1上针、英式罗纹加针、翻4号记号圈、反复（1上针、k1b）至5号记号圈的前1针、1上针、翻5号记号圈、英式罗纹加针、反复（1上针、k1b）至6号记号圈的前2针、1上针、英式罗纹加针、翻6号记号圈、反复（1上针、k1b）至7号记号圈的前1针、1上针、翻7号记号圈、英式罗纹加针、反复（1上针、k1b）至8号记号圈的前2针、1上针、英式罗纹加针。

再下一行（p1b行）： 反复（p1b、1下针），因加针而形成的3针，用基本下针、上针、下针来编织。

从现在起不加针，反复6次下方2行的操作。完成之后，就会呈现出6行由两股形成的V字。

k1b行： 反复（1上针、k1b）。

p1b行： 反复（p1b、1下针）。

袖子加针

TIP
此阶段只在袖子的部分加针。

尺寸XS、S：颈部加针结束后，下方6行重复4次。

加针行（k1b行）： 反复（1上针、k1b）至1号记号圈的前1针、1上针、翻1号记号圈、英式罗纹加针、反复（1上针、k1b）至2号记号圈的前2针、1上针、英式罗纹加针、翻2号记号圈、反复（1上针、k1b）至5号记号圈的前1针、1上针、翻5号记号圈、英式罗纹加针、反复（1上针、k1b）至6号记号圈的前2针、1上针、英式罗纹加针、反复（1上针、k1b）至8号记号圈。

下一行（p1b行）： 反复（p1b、1下针）（因加针而形成的3个针目，用基本下针、上针、下针来编织）。

下一行（k1b行）： 反复（1上针、k1b）。

下一行（p1b行）： 反复（p1b、1下针）。

下一行（k1b行）： 反复（1上针、k1b）。

下一行（p1b行）：反复（p1b、1下针）。

尺寸M、L、XL颈部加针结束后，下方8行重复4（5）5次。

加针行（k1b行）：反复（1上针、k1b）至1号记号圈的前1针、1上针、翻1号记号圈、英式罗纹加针、反复（1上针、k1b）至2号记号圈的前2针、1上针、英式罗纹加针、翻2号记号圈、反复（1上针、k1b）至5号记号圈的前1针、1上针、翻5号记号圈、英式罗纹加针、反复（1上针、k1b）至6号记号圈的前2针、1上针、英式罗纹加针、反复（1上针、k1b）至8号记号圈。

下一行（p1b行）：反复（p1b、1下针）（因加针而形成的3针，用基本下针、上针、下针来编织）。

下一行（k1b行）：反复（1上针、k1b）。

下一行（p1b行）：反复（p1b、1下针）。

下一行（k1b行）：反复（1上针、k1b）。

下一行（p1b行）：反复（p1b、1下针）。

下一行（k1b行）：反复（1上针、k1b）。

下一行（p1b行）：反复（p1b、1下针）。

完成反复编织后的总针数：

XS：5 / 27 / 5 / 41 / 5 / 27 / 5 / 41 / 共158针

S：5 / 27 / 5 / 43 / 5 / 27 / 5 / 43 / 共160针

M：5 / 27 / 5 / 43 / 5 / 27 / 5 / 43 / 共160针

L：5 / 31 / 5 / 45 / 5 / 31 / 5 / 45 / 共172针

XL：5 / 31 / 5 / 49 / 5 / 31 / 5 / 49 / 共180针

分袖

分袖时，需另准备连接绳和针套，或是零碎的线和毛线针。将袖子针目移到连接绳或是零碎的线上后会暂休针，先织完身体的部分。现在要进行的是移动袖子针目以及分袖，可以拔除8号记号圈以外的所有记号圈。

织了（1上针、k1b）之后，到3号记号圈前2针的针目统统移到另外的连接绳上后暂休针。织5（5）7（7）7针的卷加针、反复（k1b、1上针）至5号记号圈的前3针（最后一针为k1b）。到7号记号圈前2针的针目统统移到另外的连接绳上后暂休针。织5（5）7（7）7针的卷加针、反复（k1b、1上针）至8号记号圈（最后一针为k1b）。

编织身体

现在8号记号圈就是身体部位的起始记号圈。身体部位的总针数为100（104）108（112）120针。

持续反复下方2行的编织，直到从手臂下方（卷加针的部分）算起，总长达25（25）25（27）29cm或者达到自己想要的长度。（遇到卷加针的部分时，请依上针、下针的顺序来编织。）

p1b段： 反复（p1b、1下针）。

k1b段： 反复（1上针、k1b）。

织到自己想要的长度后，换成5mm针，织6cm长的单松紧针（反复1下针、1上针），最后在结尾松松地收针。（请在轮到要织p1b行时织单松紧针）

编织袖子

把前面暂休针的针目套回针上，取新的线，并在身体部分织好的5（5）7（7）7针卷加针上挑5（5）7（7）7针。完成挑针后，就套上记号圈来标示袖子段的起始位置。

现在针上有38（38）40（44）44针。

反复下方2行的编织，直到从手臂下方（卷加针的部分）算起总长达36（38）38（40）42cm。（遇到卷加针的部分时，请依下针、上针的顺序来编织。会不合身体部位的规则是正确的。）

k1b行： 反复（1上针、k1b）。

p1b行： 反复（p1b、1下针）。

袖子松紧行

现在把针换成5mm针，进行k2tog（一次织2针下针）的编织，直到此段结束为止。

织6cm长的单松紧针（反复1下针、1上针）。尺寸XS、S的针数为奇数，为了配合松紧针的规律，在织到剩2针时请一次织2针。（请在轮到要织p1b行时织单松紧针）

因线材本身缺乏弹性，若直接使用基本收针法来收尾，手就会无法穿过，因此请使用松垮袖口的收针方法。

将针换成6mm针，先织一个下针。在基本收针法（第28页）里，原则上，下针针目就用下针来织，上针针目就用上针来织，但在这里必须加上把针旋转的动作。

松垮袖口的收针示范

【下针情形】把线往外侧放，先把针以顺时针方向转一圈，然后织一针上针，再于第二针收针。

【上针情形】把线往靠近身体的内侧放，先把针以逆时针方向转一圈，然后织一针上针，再于第二针收针。

依照此原则操作收针即可，这样就能织出有弹性的松垮袖口。

另一边的袖子也用同样的方式编织。

编织领口

使用5mm针，在领口的地方挑68（72）72（76）76针。织8cm长的单松紧针后，松垮地收针结尾，最后从内侧做锁边。

收尾

整理剩余的线，腋窝处的洞口则用穿好线的缝衣针收合。

附录

贝雷帽

Phil Air Peru Beret

Info

线材：Phil Air Perou · 1246Lin · 50 g · 1球

针：7mm可换头环形针、43cm连接绳、80cm连接绳

编织帽子

用7mm针以环编起72针（6个角各12针，每隔12针都套记号圈）。

第1行～第6行： 6行单松紧针（反复1下针、1上针）

第7行： 下针

接下来，在第8、10、12、14行进行加针。

第8行～第15行

（偶数行）下针，在记号圈的两侧织 kfb

（奇数行）下针

到此段为止，现在每一个角有20针，共120针。

第16行～第17行： 下针

从第18行开始进行减针。针数变少后，即使是用43cm连接绳也不方便编织，中间可以换成80cm连接绳并用魔法圈的方式来编织。也可以用双头棒针来编织。

第18行～第27行

（偶数行）下针，在记号圈前k2tog（一次织2针下针）

（奇数行）下针

现在每个角有15针，共90针。

从第28行起，不在奇数行织下针，而是每行反复地于记号圈前做减针，直到剩下6针，共织了14行。

织到剩6针时，在帽顶部分织4行下针后，将线从针目之间藏针收尾。

Q & A **Top-down编织法常见问答集**

Q.一定要使用同样的线材吗？

A. 可以使用其他的线材。但建议用织片密度不会差太多的线材。

Q. 使用什么线材比较好？

A. 基本上冬天使用含羊毛（Wool）、驼毛（Alpaca）、羊绒（Cashmere）的动物纤维线材，而夏天则使用含棉（Cotton）、亚麻（Linen）的植物纤维线材。腈纶混纺材质虽坚挺，也便于清洗和管理，但缺点是易起毛球。每一种纤维都有着极大差异，所以最好先了解各式线材后再做选择。

Q.一定要准备可换头环形针吗？

A . 并不是一定要用可换头环形针，但事实上用可换头环形针是最方便的。若您很熟悉魔法圈织法，即使是用最便宜的环形针也能织得很好。但若是不太熟悉魔法圈织法，那就建议使用可换头环形针，这样织起来会相对简单。对于编织的人来说，最重要的就是编织时的感觉，所以建议使用品质较佳的可换头环形针。

Q. 要准备多少的线材？

A. 线材的量有许多要考虑的因素，例如欲织的衣服尺寸、长度、花样，针的大小等等变量，所以无法给出准确的数字。一般而言，女装需使用400～500g，男装则需使用600～700g。不过，需要的重量也会随不同线材而有所不同，所以很难说出准确的数字。举例来说，使用马海毛线材来编织时，即使女装尺寸为 2X L，线材有250g就够了。如果是第一次做，建议尽可能使用符合织图上推荐的织片密度的线材，准备比建议用量稍多一些的量。

Q.从领口开始的编织法也可以织背心吗？

A. 可以织，但比起用Top-down来织背心，各个部位分开织之后再连起来反而更方便，成品也更漂亮，所以不会特地用 Top-down 来织。Top-down 编织法是从上往下一直织，所以会先同时织出袖子的上半部，然后去织身体部分，之后再继续织出完整的袖子，因此，要织没有袖子的背心时，得像织马海毛开襟衫一样，先分开织之后再合并。

Q. 用钩针也可以织从领口开始的编织衣服吗？

A. 钩针也可以织，但很少使用钩针来织。至于为什么不用钩针，其实是有很多原因的。钩针和棒针不同，钩针是把线卷起来，编成结后交织的方式来编织。因此，线的用量大，编织物也重。就算都用同一种线材来织，钩针织的会比棒针织的更结实，没那么柔软。但是穿在身上的衣服应该要轻盈又柔软，所以更推荐用棒针。要是用钩针织成同样大小的衣服，就会因为编织时用了较多的线，导致重量较重，编织物也会太坚实而失去弹性。话虽如此，由于钩针编织有其独特花纹，所以钩针Top-down编织法也相当有人气。只要在网上搜寻"crochet top-down"，就可以找到国外设计师们制作的各种作品。

쉽게 뜨는 탑다운 니트

©2024，辽宁科学技术出版社。
著作权合同登记号：第 06-2023-176 号。

图书在版编目（CIP）数据

从领口开始的毛衣编织 /（韩）金宝谦著；媛媛译 . -- 沈
阳：辽宁科学技术出版社，2024.6
ISBN 978-7-5591-3525-4

Ⅰ . ①从… Ⅱ . ①金… ②媛… Ⅲ . ①毛衣—编织—
教材 Ⅳ . ① TS941.763

中国国家版本馆 CIP 数据核字（2024）第 092256 号

出版发行：辽宁科学技术出版社
　　　　　（地址：沈阳市和平区十一纬路 25 号　邮编：110003）
印 刷 者：辽宁新华印务有限公司
经 销 者：各地新华书店
幅面尺寸：185mm×260mm
印　　张：9.5
字　　数：250 千字
出版时间：2024 年 6 月第 1 版
印刷时间：2024 年 6 月第 1 次印刷
责任编辑：朴海玉
版式设计：袁　舒
封面设计：李英辉
责任校对：栗　勇

书　　号：ISBN 978-7-5591-3525-4
定　　价：68.00 元

联系电话：024-23284367
邮购热线：024-23284502